中原工学院学术专著出版基金
河南省自然科学基金项目(182300410161)

裂隙岩体化学加固和堵水材料优选方法及应用

刘伟建　邓志刚　胡江春　郝育喜　田光辉　著

应急管理出版社

·北　京·

图书在版编目（CIP）数据

裂隙岩体化学加固和堵水材料优选方法及应用/
刘伟建等著 . --北京：应急管理出版社，2020
　ISBN 978-7-5020-7483-8

　Ⅰ. ①裂…　Ⅱ. ①刘…　Ⅲ. ①裂缝（岩石）—岩体—
化学加固（地基）—研究　②裂缝（岩石）—岩体—堵水—
研究　Ⅳ. ①TE357

中国版本图书馆 CIP 数据核字（2020）第 019992 号

裂隙岩体化学加固和堵水材料优选方法及应用

著　　者	刘伟建　邓志刚　胡江春　郝育喜　田光辉
责任编辑	成联君
责任校对	孔青青
封面设计	安德馨

出版发行　应急管理出版社（北京市朝阳区芍药居 35 号　100029）
电　　话　010-84657898（总编室）　010-84657880（读者服务部）
网　　址　www.cciph.com.cn
印　　刷　北京建宏印刷有限公司
经　　销　全国新华书店

开　　本　710mm×1000mm$^1/_{16}$　印张　12$^1/_4$　字数　226 千字
版　　次　2020 年 11 月第 1 版　2020 年 11 月第 1 次印刷
社内编号　20193385　　　　　　定价　42.00 元

前　　言

在岩土工程中，每年都会因为岩体失稳而诱发事故并造成人员伤亡。裂隙岩体快速加固和堵水是矿山和岩土工程中抢险救灾常用的技术，针对工程中经常出现的因化学加固材料选择不当而诱发二次事故的现状，迫切需要建立一套裂隙岩体快速加固和堵水材料优选方法的技术体系，用于指导工程实践。本书通过研究裂隙岩体质量快速分类的方法，按照加固时间、范围、长期稳定性、成本等工程要求，能快速确定合理的加固和堵水材料及施工方案。

本书共有7章。第1章为绪论，主要介绍了工程岩体的相关参数，以及岩体加固和堵水材料的基本分类。第2章为裂隙岩体质量快速描述方法，主要内容是"当量裂隙度"的概念、意义和计算方法。第3章为裂隙岩体化学快速加固和堵水质量分级方法，主要介绍RCS的含义及相关应用。第4章为"工程要求—材料属性"多属性决策方法，主要介绍在决策中基于多属性评价指标的关联评价方法。第5章为裂隙岩体和化学加固的堵水智能决策系统研究，主要介绍了新型决策系统的建立流程与方法。第6章为岩体加固和堵水效果电化学检测方法的研究，主要内容是化学加固及电化学理论与测试分析。第7章为裂隙岩体化学快速加固和堵水的应用，主要内容是九龙山项目和内蒙古某项目的工程实例及成果。本书是作者理论与现场实践的研究总结，在具体施工中对裂隙岩体化学快速加固和堵水材料的优选上提供科学理论指导和施工工艺参考，值得从事岩土工程工作人员阅读。

本书的创新点为基于解决裂隙岩体快速加固和堵水问题，提出了表征裂隙破碎状态的核心指标之一——"当量裂隙度"的概念；以当量裂隙度和单轴抗压强度为评价裂隙岩体的基本指标，以裂隙岩体的长期稳定性、动静载荷、地下水状态和裂隙面状况为具体指标，建立了裂隙岩体质量评价分级体系；提出了加固和堵水材料数据库建立方法；以"数量化"理论为基础，建立了"工程要求—材料属性"评价方法；编制了裂隙岩体化学加固和堵水材料优选方法，并通过实践，验证了其合理性。

由于作者水平有限，书中难免存在不足与欠缺之处，恳请广大读者批评指正。

作 者

2020 年 7 月

目　　录

第1章 绪　　论

1.1　引言

因岩体的变形和破坏而造成的地质灾害的实例不胜枚举。

在岩土工程中，每年因为岩体失稳而诱发的事故造成的人员伤亡以及经济损失巨大。据中华人民共和国应急管理部网站显示：2004 年 5 月 17 日 22 时 30 分许，贵昆铁路沾益至昆明段增建二线站前工程面店三号隧道进口（靠曲靖方向）500 m 处突然发生坍塌，12 名施工人员被困在隧道里长达 133 h。2004 年 7 月 19 日凌晨，西攀高速公路米易段酸水湾左线隧道发生坍塌，6 名作业人员被困洞中。2004 年 8 月 3 日，印度北部的北安恰尔邦一个正在挖掘的隧道突然坍塌，造成至少 9 人死亡，10 人受伤。2004 年 4 月 20 日下午，新加坡主要交通干道——尼诰大道的部分路段突然发生坍塌，造成至少 1 人死亡，3 人失踪。2004 年 3 月 24 日，台北一个隧道坍塌，造成至少 4 人死亡，3 人受伤。2005 年 1 月 12 日上午 11 时许，由铁道部 15 局 CS2 项目部施工的浙江省台缙高速公路苍岭隧道 2 标段发生坍塌事故，造成 2 人死亡，3 人受伤。2012 年 9 月 16 日 23 时许，大广高速 B3 标段江西省龙南县境内象形 1 号隧道发生塌方事故，造成 16 名施工人员被困。2014 年 7 月 14 日，云南省文山州富宁县云桂铁路在建隧道发生塌方事故，造成 15 人被困。2017 年 9 月 14 日，云南省玉磨铁路西双版纳段曼么 1 号隧道发生坍塌事故，造成 9 名施工人员被困。2017 年 9 月 30 日，河北省营尔岭隧道右洞在距工作面约 280 m 段进行二次衬砌的换拱工作时突然发生坍塌，造成 9 人被困。2019 年 8 月 14 日 12 时 40 分许，四川省凉山州甘洛县成昆铁路埃岱 2 号隧道口附近发生山体垮塌。

在矿业工程中，冒顶、片帮、透水等都是围岩不稳固的表现，其可能造成的危害也是显而易见的。据国家煤矿安全生产监察局网站显示：2005 年 4 月 24 日，吉林省吉林市蛟河奶子山腾达煤矿发生透水事故，造成 30 人失踪。2005 年 8 月 7 日，广东省梅州市兴宁市黄槐镇大兴煤矿发生透水事故，造成 123 名工人遇难。2006 年 3 月 9 日，云南省宣威市格宜镇中村煤矿发生透水事故，造成 7 人死亡，3 人受伤。2006 年 3 月 13 日，吉林省白山市八道江区东晋煤矿发生顶板事故，造成 3 人死亡。2006 年 4 月 9 日，黑龙江省密山市秦友棉煤矿发生透水事故，造

— 1 —

成12人死亡。2006年7月15日，贵州省安顺市紫云县偏坡院煤矿发生透水事故，造成18人死亡。2006年12月14日，山西大同煤矿集团云冈矿井下发生透水事故，造成4人死亡。2007年1月9日19时许，辽宁省本溪满族自治县田师傅镇崔井柱煤矿和高嗣海煤矿发生透水事故，造成7人死亡。2007年1月17日0时左右，内蒙古自治区包头市东河区超越矿业有限公司壕赖沟铁矿发生透水事故，造成29名矿工遇难。2007年8月7日，贵州省毕节地区垅华煤矿发生透水事故，造成12人遇难。2007年10月28日，江西省抚州市乐安县零线煤矿井下发生透水事故，造成10人死亡。2012年4月6日9时55分，吉林省蛟河市丰兴煤矿井下南一上顺+40 m标高掘进工作面发生重大透水事故，造成12人死亡。2012年12月1日23时，黑龙江省七台河市福瑞祥煤炭有限责任公司八井发生透水事故，造成10人死亡。2013年9月28日3时许，山西省汾西市正升煤业有限责任公司东翼回风大巷掘进工作面发生重大透水事故，造成10人死亡。2015年4月5日，黑龙江省七台河市昌峰煤矿一井发生透水事故，造成6人死亡。2016年4月25日8时5分，陕西省铜川市耀州区照金矿业有限公司202综采放顶煤工作面发生透水事故，造成2人死亡、9人被困。

在矿山和岩体工程中，裂隙岩体快速加固和堵水是地基工程和岩体灾害抢险救灾的常用工艺。裂隙岩体快速加固和堵水的抢险救灾等需要选择性能最优、经济合理、安全可靠、环境许可的材料，工程中由于材料选择不当造成的事故时有发生。

为了保护人民生命财产的安全，保证人类安全地利用与改造自然，应加强对发生灾害的岩体属性的研究与认识。

岩体是经受过变形、遭受过破坏、由一定的岩石成分组成、具有一定的结构和赋存于一定的地质环境中的地质体。岩体结构是控制岩体变形和破坏等力学性质的关键因素，而工程岩体的岩体结构往往十分复杂，存在大量的断层、裂隙、节理等结构面。本书把这种富含断层、裂隙、节理和弱面的岩体统称为裂隙岩体。由于裂隙岩体的这种非均质性特征，欲对其进行可靠的强度实验会非常困难，也是不现实的。所以在岩体工程中，对裂隙岩体性质和强度的描述大多以定性的观察和经验为基础。

目前，评价岩体工程特性的方法主要有两种：一种是基于经验的岩体质量分级方法，其中影响较大、应用较多的有RQD、RMR、Q、RMI等分类方法；另一种是现场和室内实验方法。前一种方法要求有丰富的岩体工程现场经验，后一种方法虽然是了解岩体工程质量的最直接方法，但由于裂隙岩体的复杂性，不能确定裂隙岩体的工程质量。

随着材料科技的发展，高分子化学材料的品种越来越多，性能也更加细化，这为发生灾害后的具有不同岩体属性的裂隙岩体采用高分子化学材料治理提供了条件，尤其是它所具有的强渗透性、时效性、高效性，是其他材料所不可比拟的，在工程实践中也一再证明利用高分子化学材料快速加固和堵水是治理不同程度破裂岩体的最有效方法之一。

然而，由于裂隙岩体属性的多样性，以及岩体结构变形和破坏规律的复杂性，如何选择最适合治理区域的裂隙岩体属性的高分子化学材料，以提高治理质量，达到合理经济的目的一直是国内外岩石力学界研究的问题，许多学者在不同研究领域做出了很大的贡献，但针对不同的裂隙岩体属性，选择适宜的高分子化学材料进行快速加固和堵水，目前仍存在诸多问题，仍需进一步深入研究和完善。

多年以来，高分子有机化学材料以其巨大的威力在裂隙岩体治理中塑造了许多成功的典型实例。由于它的新颖、独特、有效性和工艺的丰富多彩，几乎被应用于一切岩体工程的治理中，例如地基的处理加固、矿山开采、边坡稳定工程、地铁和隧道防渗止水等工程。

随着材料科学的发展，适用于裂隙岩体快速加固和堵水的高分子化学材料越来越多，目前仅有机类材料就有环氧树脂、聚氨酯、丙烯酸盐、酸性水玻璃四大类，几十个亚类，上千种不同性能的产品。相信随着科技的不断进步，会有更多性能适应性更好的加固堵水材料。

裂隙岩体属性多样，情况复杂，所要达到的治理目的不同；高分子化学加固和堵水材料品种繁多，特性各异，所以在工程中一直存在着工程要求与材料属性不匹配的问题，因此急需借助计算机技术编制基于不同岩体类型的高分子化学材料的加固和堵水优选系统。

1.2 工程岩体分类

结构体和结构面称为岩体结构单元或岩体结构要素。不同类型的岩体结构单元在岩体内的组合、排列形式称为岩体结构。结构面对岩体力学特性和工程稳定性的控制作用早在 20 世纪 50 年代就被以 L. Muller 等为代表的奥地利学派所认识，并认为这是构成岩体和岩块力学与工程特性差异的根本所在，由此开始了以结构面和岩体结构研究为中心的岩体力学时代。国际岩石力学学会将岩体中的断层、软弱层面、大多数节理、软弱片理和软弱带等各种力学成因的破裂面和破裂带定义为不连续面（discontinuity），谷德振、孙广忠等进一步认为结构面是由一定的地质实体抽象出来的概念，它在横向延展上具有面的几何特征，而在垂向上则常充填有一定的物质、具有一定的厚度。20 世纪 80 年代，孙广忠进一步提出了"岩体结构控制论"，并全面、系统地以此为指导研究了岩体变形与破坏的基本规律。

由于组成岩体的岩石性质、组织结构不同，以及岩体中结构面发育情况的差异，致使岩体的力学性质相当复杂，为了在工程设计和施工中能够区分出岩体质量和稳定性，需要对岩体做出合理分类。

岩体工程分类是按照岩体的物理力学性质、完整性、水环境、地应力环境及岩体工程的结构特点，根据大量实际工程经验的统计分析结果，对岩体质量进行分类或分级，以便于工程技术人员能够根据不同质量的岩石，进行合理的工程布置或采取相应的处理加固措施，从而使工程建造更加合理、可靠。Ritter（1879）最早谋求将经验方法公式化用于隧洞设计及决定其相应的支护形式，历经 100 多年的发展，应用岩体分类系统的工程实例几乎包含了岩体的所有工程地质特征。

1994 年，我国制定了《工程岩体分级标准》（GB 50218），该标准先不考虑工程类别的差异，按照一般岩体的基本稳定特性（岩石的坚硬程度与岩体的完整程度），对岩体基本质量进行评价和分级，然后再考虑各类岩体工程的特点，根据影响工程岩体稳定性的其他因素，修正原来对岩体基本质量做出的评价，最后确定出具体工程岩体的分级指标。岩体基本质量指标 BQ 值是以 103 个典型工程实例为样本总体，采用多元统计回归和判别分析法建立的不等量纲的表达式，由于其在后续的经验强度确定方法中没有应用，故不再论述。不同的工程部门遇到的工程地质条件各不相同，因而各自有不同的岩体分类方法和经验公式，以适应各自的工程特点，比如，原煤炭部、地矿部、水利水电部、冶金部及铁道部均有各自的分类标准。尽管分类方法各不相同，但大都属于定性或半定量的分类方法，即对岩体质量的描述都是定性的，因此，虽然已经在一些工程应用中取得实效，但总体上使用起来很不方便、也不便于交流，尤其是无法与国际上的分类标准接轨。目前，国内外成熟的岩体分类方法已有很多，应用岩体分类的最早文献是 Terzaghi（1946）进行隧道支护设计时提出的描述性定性分类方法，虽然这一分类仅限于隧道，但它为各种多因素分类方法的发展奠定了基础。

以下是对近期岩体分类方法的回顾，并总结了国际上几种比较著名的岩体量化分类方法。

1.2.1 岩石质量指标（RQD）分类

岩石质量指标是反映工程岩体完整程度的定量参数，在工程岩体分类中具有关键作用，其中下文的 RMR 与 Q 指标岩体分类中均包括了 RQD 的参数。RQD 由 Deere（1964）提出，是根据岩芯的完好程度对岩体质量进行定量评价及岩体分类。RQD 值定义为直径大于 100 mm 的完整岩芯占岩芯总长度的百分比，岩芯直径至少为 54.7 mm，并用双层岩芯管钻进，其值也可以根据体积节理数的经验公式确定。Farmer（1985）根据工程实践，建立了结构面密度、岩体龟裂系数与

RQD 间的近似关系（表1-1）。

表1-1　岩体质量分级

岩体质量分级	*RQD*/%	结构面密度/m	岩体龟裂系数
极差	5~25	>15	0~0.2
差	25~50	15~8	0.2~0.4
中等	50~75	8~5	0.4~0.6
好	75~90	5~1	0.6~0.8
极好	90~100	1	0.8~1.0

这种方法快速、经济而且实用，但它仅能揭示一维特性，没有反映节理的产状方位等，因此，通常仅在相对完善的 *RMR* 与 *Q* 分类系统中作为一个基本参数加以利用。

1.2.2　裂隙岩体地质力学（*RMR*）分类

RMR 岩体分类方法是由南非科学和工业研究委员会（CSIR）的 Bieniawski 在 1973 年提出后经过多次修改，并逐渐趋于完善的一种综合分类方法。岩体分类指标 *RMR*（Rock Mass Rating）包括以下 5 个基本分类参数：

（1）完整岩石材料的强度（UCS）；

（2）岩石质量指标值（RQD）；

（3）节理间距；

（4）节理条件（节理隙宽、连续性、粗糙度及充填情况）；

（5）地下水状况。

表1-2　按 *RMR* 总评分值确定的岩体分级及岩体质量

RMR 总评分值	100~81	80~61	60~41	40~21	<20
分级	I	II	III	IV	V
岩体质量	非常好	好	一般	差	非常差
岩体黏聚力(C)/kPa	>400	300~400	200~300	100~200	<100
岩体内摩擦角(φ)/(°)	45	35~45	25~35	15~25	<15

分类时，首先根据上述 5 个指标的数值按给定的标准进行评分，求和得总分为 *RMR* 值，然后由节理产状对岩体工程（隧道、地基及边坡工程）影响程度的大小来修正评分值。表1-2将修正后的 *RMR* 值分成五级，并限定工程节理岩体力学参数 C、φ 的取值范围与相应的岩体质量描述。由于 *RMR* 体系综合考虑了岩体的结构组合特点、所处的地质环境以及施工等因素，因此非常适用于工程中节

理岩体的质量评价。*RMR* 岩体质量分类方法在我国水利水电工程中广泛应用，如在甘肃昌马水利枢纽的平洞岩体中做过几十组，计算得到的强度指标与勘察设计提供的指标值基本接近。为了减小由于主观因素造成的 *RMR* 分类误差，Zekaisen 等曾尝试应用连续函数的形式修正原有的跳跃评分值，并取得了一定的效果。

1.2.3 岩体质量 *Q* 分类

Q 指标岩体分类方法是由挪威岩土工程研究所 Barton、Lien 和 Lunde 等根据大量地下开挖工程稳定性的实例，于 1974 年提出的一种确定隧道工程岩体质量的分类法。其指标 *Q* 值按下式计算：

$$Q = \frac{RQD}{J_n} \frac{J_r}{J_a} \frac{J_w}{SRF} \qquad (1-1)$$

式中　*RQD*——岩石质量指标；

　　　J_n——节理组数；

　　　J_r——节理粗糙系数；

　　　J_a——节理蚀变系数；

　　　J_w——节理水折减系数；

　　　SRF——应力折减系数。

Q 指标中 6 个参数的组合反映了岩体质量的三个不同方面，$\frac{RQD}{J_n}$ 为岩体的完整性，其表示岩体结构的影响，可作为块度大小的粗略度量；$\frac{J_r}{J_a}$ 表示节理形态、节理充填物的特征以及次生蚀变程度；$\frac{J_w}{SRF}$ 表示地下水与地应力存在时对岩体质量的影响。

综上分析，*Q* 指标可看成是岩块尺寸 $\left(\frac{RQD}{J_n}\right)$、岩石块体间的剪切强度 $\left(\frac{J_r}{J_a}\right)$ 与主动应力 $\left(\frac{J_w}{SRF}\right)$ 的粗略度量。虽然它没有考虑节理方位对岩体质量的影响，但它包括了岩体所处应力环境的作用，其对软、硬岩体均适用。

根据 *Q* 值的大小与取值范围（0.001~1000）的关系可以确定出隧道工程的岩体质量，利用 Barton 从工程实例中得出的关系式，也能确定出一个没有支护的地下坑道的最大安全跨度（*D*），*Q* 分类在地下开挖工程岩体中发挥了很大的指导作用。

1.2.4 地质强度指标（*GSI*）岩体分类

Hoek 和 Brown 在实际岩体工程中大量应用基于 *RMR* 的强度经验公式时发

现，在质量较差的破碎岩体结构中，*RMR* 值无法给出准确的评价值，尚需进一步改进，*RMR* 值在实际的确定中也存在着较大的不便。为此，1994 年，Hoek 等提出了一种新方法，即地质强度指标（*GSI*），近期又进一步将该方法做了推广。这一分类体系是 Hoek 多年来与世界各地曾与他合作的地质工程师共同发展起来的，特别适用于风化岩体及非均质岩体。

节理岩体 *GSI* 指标的确定主要基于岩体的岩性、结构和不连续面条件等因素，它是反映各种地质条件对岩体强度削弱程度的一个参数，是通过对路堑、硐壁及钻孔岩芯等表面开挖或暴露的岩体进行肉眼观察来评价确定的。*GSI* 克服了 *RMR* 在破碎岩体中使用的局限性，因而是一种更实用的方法。对于质量较差的岩体（当 *GSI* < 25 时），岩芯长度很少能超过 10 cm，因此很难找到一个可靠的 *RMR* 值，此时唯有用 *GSI* 法来进行恰当地评估。*GSI* 取值从 0 到 100 变化，Hoek 建议 *GSI* 值根据岩体结构特征和岩体表面状况从图 1-1 中直接获得，但图中只给出了 GSI 从 0 到 85 的取值。

为了精确确定 *GSI* 值，Sonmez（1999）提出了一种新的定量计算方法，即把岩体结构和岩体的表面状况进行量化。岩体结构量化过程为：首先计算出体积节理数，然后依据岩体结构评分值（*SR*）与体积节理数（J_v）的函数关系确定出 *SR* 值（0 ~ 100）。岩体表面状况的量化过程为：首先对岩面表面状况从岩面的粗糙程度、风化程度及节理充填情况三个方面进行评价，其次按照岩体表面状况分类标准得出上述三因素的评分之和 *SCR* 值（0 ~ 18），最后综合应用岩体结构（*SR*）与岩体表面状况（*SCR*）的值综合确定出 *GSI* 值（5 ~ 85）。1999 年，Hoek 在原来 *GSI* 确定图的基础上又新增了完整岩体、大体积块状、片状或层状岩体及剪切带岩体，这一改进使得 *GSI* 的取值范围扩大到 0 ~ 100。2001 年，Sonmez 对这一新型的 *GSI* 系统进行了量化，并在同年完成了他的博士学位论文 "Hoek - Brown 准则在开裂黏土岩破坏特性中的应用研究"。

Hoek 和 Marinos（2000）对不同岩性的 *GSI* 值进行了讨论，给出了砂岩、粉砂岩、黏土岩、石灰岩、花岗岩、蛇绿岩、片麻岩及片岩等均质岩体与复理岩等非均质岩体的建议取值范围，进一步指导了如何合理的获取 *GSI* 值。

1.2.5 RMi 岩体分类

RMi（Rock Massin dex）是由挪威学者 Palmstrom 在对大量现场岩体试验分析的基础上，于 1996 年提出的一种新的岩体分类指标。它是通过采用节理参数对完整岩石单轴抗压强度进行折减来反映节理岩体的强度特征的方法。其表达式为

$$RMi = \sigma_{ci} \cdot JP \tag{1-2}$$

式中 σ_{ci}——岩石标准试件实验室测得的单轴抗压强度，MPa；

　　　JP——节理参数；

　　JP 反映了与节理相关的两个参数，即结构面切割而成的块体体积 V_b（m³）与节理状态参数 J_c。其值在 0~1 之间变化，完整岩块取 1，破碎岩体取 0。块体体积 V_b 能通过现场测量获得，节理状态 J_c 是由三个独立参数（节理粗糙度 J_r、节理蚀变系数 J_α 与节理尺寸 J_L）共同确定。岩体指标 RMi 各参数间的关系如图 1-1 所示。RMi 指标真实反映了岩块强度、节理面条件及规模对岩体强度的贡献，尤其是岩块体积参数对岩体结构的描述更为合理。JP 可由下列各式综合确定：

$$JP = 0.2\sqrt{J_C} \cdot V_b^{0.3 J_c^{-0.2}} \qquad (1-3)$$

$$J_c = J_L \cdot \left(\frac{J_r}{J_\alpha}\right) \qquad (1-4)$$

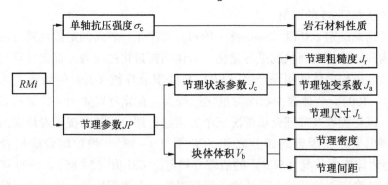

图 1-1　RMi 指标中各参数间的关系

　　其中 V_b 反映节理密度的影响，在查清节理条件后，通过现场测量确定；其他参数由 Palmstrom 给出的表格评分值确定；最后参照 RMi 值按表 1-3 进行岩体分类。

表 1-3　RMi 岩体分类

RMi 指标	RMi 值	岩体强度
极低	<0.001	极软弱
很低	0.001~0.01	很软弱
低	0.01~0.1	软弱
中等	0.1~1	中等
高	1~10	坚硬

表 1-3（续）

RMi 指标	RMi 值	岩体强度
很高	10~100	很坚硬
极高	>100	极坚硬

1.2.6 弹性纵波速（V_p）岩体分类

超声波测试技术是近 30 年来发展起来的一种新技术，它主要是通过超声波穿透岩土介质后的声波波速和衰减系数去了解岩石材料的物理力学特性、结构特征和风化程度。该方法具有简便、快捷、经济和无破损等特点，目前已成功应用于测定岩体动弹性参数、简单岩体结构模型参数，并可进行岩体质量评价与分类，因而得到国内外地质工程界与岩石工程界的广泛重视。我国在隧道规范设计中也采用了无损波速测定围岩类别的方法，建议取值见表 1-4。

表 1-4 按弹性波速划分隧道围岩分类

围岩类别	VI	V	IV	III	II	I
波速/(m·s⁻¹)	>4500	3500~4500	2500~4500	1500~3000	1000~2000	<1000

Barton（1991）对 2000 个隧道工作面进行超声波检测，再加上对挪威、瑞典、中国内地及香港等地区的大量岩体工程实测数据的分析并对应 Q 指标，得出了以下关系式：

$$Q = 10^{[(V_p-3500)/1000]} \tag{1-5}$$

分析式（1-5），得出岩体纵波波速与 Q 指标的关系见表 1-5。

表 1-5 岩体纵波波速与 Q 指标间的关系

波速/(m·s⁻¹)	1500	2500	3500	4500	5500	6500
Q	0.01	0.1	1	10	100	1000

1.2.7 岩体结构权值岩体分类法

Wickham 等（1972）提出了一种岩体结构权值（RSR）的定量方法，以对岩体的质量进行描述并选择合理的支护措施。RSR 对每个要素均引入了权值的概念，由 RSR=A+B+C 计算岩体质量的数值。

（1）参数 A 为地质条件，根据以下因素对地质构造进行总体评价：①岩石成因（岩浆岩、变质岩、沉积岩）；②岩石硬度（硬、中等、软、崩解）；③地质构造（整体状、轻微断层、褶皱、一般断层/褶皱、严重断层/褶皱）（表

— 9 —

1-6)。

（2）参数 B 为几何形态，应考虑不连续面形态组合形式对隧洞掘进方向的影响：①节理间距；②节理方向（走向和倾向）；③隧道掘进方向（表1-7）。

（3）参数 C 为地下水和节理条件的影响，应考虑：①参数 A 和 B 共同决定的整体岩体质量；②节理条件（好、一般、差）；③地下水流量（每分钟内每1000 ft 隧洞的涌水量）（表1-8）。

表1-6～表1-8对每个参数进行赋值以计算 RSR 值（最大值为100）。根据 RSR 值从而确定出圆形隧洞的喷锚支护参数。

表1-6 地质条件赋值

岩石类型	岩石硬度				地 质 构 造			
	坚硬	中等	软弱	崩解				
岩浆岩	1	2	3	4	巨块状	轻微褶皱或断层	中等褶皱或断层	强烈褶皱或断层
变质岩	1	2	3	4				
沉积岩	2	2	3	4				
类型 1					30	22	15	9
类型 2					27	20	13	8
类型 3					24	18	12	7
类型 4					19	15	10	6

表1-7 节理型式与掘进方向赋值

平均节理间距	掘进方向（节理走向垂直隧道轴线）					掘进方向（节理走向平行隧道轴线）		
	均可	与倾角方向一致		与倾角方向相反		任何方向		
	控制性节理的倾角					控制性节理的倾向		
	0°～20°	20°～50°	50°～90°	20°～50°	50°～90°	0°～20°	20°～50°	50°～90°
非常密集的节理（<2 in）	9	11	13	10	12	9	9	7
密集的节理（2～6 in）	13	16	19	15	17	14	14	11
中等密集的节理（6～12 in）	23	24	28	19	22	23	23	19
中等块状（1～2 ft）	30	32	36	25	18	30	28	24
大块状（2～4 ft）	36	38	40	33	35	36	34	28
巨块状（>4 ft）	40	43	45	37	40	40	38	34

注：1 in=25.4 mm；1 ft=30.5 cm。

表 1-8　地下水和节理条件赋值

预测地下水流量	参数 A+B（即表 1-6 与表 1-7 评分权值之和）					
	13~44			45~75		
	节理条件					
	胶结好的	轻微风化或蚀变的	严重风化或蚀变及开张	胶结好的	轻微风化或蚀变的	严重风化或蚀变及开张
无	22	18	12	25	22	18
轻微（＜200 gpm）	19	15	9	23	19	14
中等（200~1000 gpm）	15	12	7	21	16	12
严重（＞1000 gpm）	10	8	6	18	14	10

注：1 gpm＝0.063 L/s。

1.2.8　智能化分类方法

20 世纪 80 年代以来，随着各学科的广泛交叉融合、数学及计算机技术的发展，基于模糊数学和灰色系统理论的数学分类方法发展并成熟起来，诸如模糊聚类分析、可拓物元分析、神经网络、分形描述、灰色聚类分析、专家系统等新兴的智能化方法和手段大量地被引用到岩体质量分类中来。这些方法各具特色，成为岩体质量分类的有益补充。

1. 模糊聚类分析方法

评定岩体质量的标准及岩体工程分类概念本身具有模糊性，影响岩体质量的各因素之间有错综复杂的联系，因而采用定性分析方法对岩体进行工程分类具有很大的随意性和不确定性。表征岩体质量的各个数据指标的变化具有连续性，确定性分析方法往往给出绝对的判定结果，性质和质量很接近的岩体也会被划分到不同的级别中，这与实际不符。用模糊聚类方法给出某段岩体在某种程度上属于哪一类岩体，实现岩体质量的功态分类，更符合实际。

模糊综合评判法是建立在模糊数学基础上的一种定量评价模式，它利用模糊集合论概念和最大隶属度原则，考虑与评判对象相关的各个因素对对象的综合影响，对受到多个因素制约的事物或对象作一个总的评价。对岩体质量进行模糊分类的基本步骤是：①建立模糊对象因素集；②建立模糊对象评判集；③构造因素集中各因素到评判集的隶属函数；④建立多因素模糊评判的模糊矩阵；⑤确定权重；⑥建立模糊综合评判模型；⑦根据最优隶属度原则进行模糊综合评判。

上述步骤中，建立模糊隶属函数和确定权重分配是关键，但无统一的格式可遵循，一般可采用统计实验或专家咨询的方法求出。确定隶属函数的方法主要有模糊统计法、推理确定法、专家调查法、模糊分布法等，确定权重的方法主要有专家咨询法、调查统计法、择优比较法、层次分析法、知阵运算法等。通过这些方法导出隶属函数和权重，对岩体质量进行模糊分类，各种方法中模糊子集、隶属度函数和权重的确定多是根据经验方法或者模糊统计法，很不统一，这给实际应用带来了困难。因此，关于隶属度函数和模糊子集的确定方法还需进一步研究。

2. 可拓物元分析方法

可拓学是用形式化的工具，从定性和定量角度研究解决矛盾的规律和方法，通过建立多指标参数的质量评定模型来完整地反映样品的综合质量水平。可拓学通过可拓集合理论把是与非的定性描述发展为定量描述。可拓评价方法的具体步骤是：①确定经典域与节域；②确定待评物元；③确定权系数；④确定待评事物关于各类别等级的关联度；⑤计算待评事物关于等级的关联度；⑥等级评定。

蔡文等给出了同征物元体的概念，提出了可拓评价方法的级别变量特征值概念，使评价结果更加合理。用一种简单的关联函数确定权重，简单易行。王锦国、周志芳采用可拓工程方法对溪洛渡水电站坝基岩体工程质量进行了多指标综合评价。康志强、周辉、冯夏庭将可拓学应用于边坡岩体质量的评价，较好地解决了岩体质量评价中定性与定量因素综合评价的问题。贾超、肖树芳将可拓工程方法与洞室岩体质量评价相结合，从洞室工程的角度选取能够反映岩体综合工程特性的参数进行评价。在物元理论、可拓集合论和关联函数运算的基础上，建立了洞室岩体质量评价的物元模型。张斌、雍歧东、肖芳醇结合信息熵的概念，提出了基于熵权的模糊物元分析方法。原国红、陈剑平从可拓集合理论出发，建立多指标性能参数的质量评定模型，通过定量的数值表示评价结果，结合隶属度的概念，应用可拓理论对岩体进行分类，从不同的分类方法中选取最适合工程实际的评价指标，提出了一种定量的指标权重的确定方法。

3. 神经网络分类方法

影响岩体质量分类的因素很多，有定量因素和定性因素。岩体质量分类与多种不确定性因素相关，很难用一个具体的解析式表示出分类的结果与众多因素之间的确切关系，是典型的复杂的非线性输入——输出关系问题。人工神经网络是一种并行数据处理方法，具有很强的自适应、自学习、自组织和高度非线性动态处理能力，它以实例作为学习样本，使用训练后得到的网络模型权值和阈值，对要判别的围岩质量进行评定。神经网络以其高度的非线性映射功能，将各种影响围岩稳定性的因素进行学习记忆，克服用单一敏感性指标和模糊主观判断，使经验决策定量化、科学化。在现场识别中，只要训练样本及输入参数选取得当，都可提供较为满意的输出结果。一旦模型建立后，即可简洁、方便、快速地应用于相应领域，因此利用人工神经网络进行岩体质量分类具有广阔的应用前景。

神经网络分类方法对各影响因素无须进行复杂的相关性分析，重复的或者没有影响的因素加入输入值也不影响最后的结果，这就给选择输入节点提供了比较宽松的条件。

冯夏庭、赵斌、岳建平、谢和平分别选取影响岩体质量的各种因素的参数作为输入层，建立了 BP 神经网络模型进行岩体质量分级，并应用于实际工程中，取得了较好的效果。

用神经网络进行岩体质量评价，目前主要存在如下问题：①选取何种输入参数才能更好地反映岩体的质量，更有利于对影响岩体的各种独立因素进行详细的分析；②如何确定模型的类型及参数，目前大多是应用 BP 神经网络进行岩体质量分级，这种模型虽然具有自反馈、简单方便、通用性好等优点，但也具有收敛速度慢、迭代次数多、局部极小值等缺点，而且网络中隐节点个数及参数的选取主要依赖于经验，今后可考虑采用其他网络模型或结合其他全局优化算法优化网络结构、加快收敛速度、避免陷入局部极小值；③如何选取足够全面、有典型代表性的训练数据组，用于训练网络的样本越多，分类的效果越好，但是同时会产生网络难以收敛的问题。另外，也增加了试验的工作量。

4. 分形描述

对于岩性较好的岩体，岩体结构对岩体力学性质的影响大于岩石材料的影响。因此，对岩体中的节理和裂隙等不连续面进行仔细分析具有很重要的意义。研究表明，岩体中的裂隙分布具有统计意义上的自相似性，可用分形理论进行研究。岩体的分维值 D 是岩体强度、形成环境和工程地质特征的函数，与岩体强度、RQD 值、开挖速率和水力传导性存在某种关系，较高的分维值预示着较低的岩体强度、较低的 RQD 值和开挖速率及较强的水力传导性。岩体结构面网络的分维值比较全面地反映了岩体的工程地质性质，也可反映岩体质量的差异特征。可以通过结构面网络的分维、结构面迹长和隙宽的分维来表征岩体的质量优劣，从而对岩体进行分类。

谢和平、Falconer K J、陈兴周、杨红禹等分别论述了岩体工程分类的分形方法并且应用于工程实践中，取得了不错的效果。但是，分维值 D 仅能反映岩体结构对岩体稳定的影响，不能很好地反映其他因素的影响，因此分形方法只能作为其他常规方法的补充，主要是用分维值 D 值来代替 RQD 值进行岩体质量评价。刘树新将分形几何与三维结构面模拟技术相结合，计算和绘制出其表征岩体结构分布和复杂性的多重分形谱，对岩体质量作出定性评价和定量分析，取得了较好的效果。

5. 灰色聚类分析

影响岩体质量分类的各种因素都不能完全而且准确地说明岩体的属性，岩体的质量受到诸多因素影响，常表现出各种确定的或不确定的、已知的或未知的信息，因此属于灰色系统范畴。岩体质量的分类就可根据灰色因素之间的关联性进行。为了准确地对岩体质量分类，同时尽量反映岩体足够多的特性，首先应该找到岩体灰色系统的关联性及其量度，根据量度的大小准确地对岩石分类。

岩体质量分类的灰色聚类理论主要应用于矿山岩体质量评价中，邓聚龙、唐志新等分别用灰色关联度理论对矿山和地下工程围岩进行分类。结果表明，这种方法具有一些其他方法所不具备的优点，值得推广到坝基岩体质量分类中。岩体稳定系统是一个灰色系统。用灰色定权聚类法进行岩体分类与工程揭露岩体稳定性的情况吻合，符合客观实际情况，灰色定权聚类法从系统的观点来研究岩体稳定，避免了很多特征指标不落在同一分类中难以进行准确分类的问题。这种方法简单易行，不需要测试太多非独立的影响因素指标，理论完备，值得研究、应用和推广。

6. 专家系统研究

在工程地质勘察中，专家的经验非常重要，一些经验丰富的专家可以凭借较少的信息，对地质体的特征进行准确地判断，这些经验都是在长期的实践中总结出来的，因此应该充分收集、利用。专家系统就是一个以大量专业知识与经验为基础的计算机程序系统，它把专家们在个人解决问题过程中所使用的启发性知识、判断性知识分成事实与规则，以适当的形式储存在计算机中，建立知识库。应用时，用户在回答程序询问所提供的数据、信息，或事实的同时，计算机程序系统会选择合适的规则进行推理判断、演绎，模拟人类专家解决问题做决定的过程，最后得出结论，给出建议，供用户决策参考。

随着国内外对水利水电工程岩体质量分类的大量研究，已积累了丰富的经验和成果。因此，如果将岩体质量分类的一般性知识和专家们的特殊知识、经验共同构成知识库，借助于专家系统技术，使计算机能够灵活运用结构性和非结构性知识，形成实用专家系统，可望成为对岩体质量分类研究中的通用模式。

程士俊、杨小永运用专家系统的原理和构造方法，用不同的开发工具建立了岩体质量评价的专家系统，并在工程中应用。可以看出，目前的一些专家系统在岩体质量分类中的应用都是在某一特定工程的经验和数据的基础上建立起来的，是否具有通用性还值得研究。而且各种应用中咨询专家的水平和数量不同，因此所建立的专家系统的"水平"也不同。今后的研究重点应该是建立知识库的权威性、全面性、知识组织和求解问题的推理机制，以及系统开发的规范性、统一性，避免出现重复开发、浪费资源以及不规范等问题。

另外，刘承柞、赵洪波、冯夏庭提出了岩体工程分级的支持向量机方法。根据有限的学习样本，建立了影响岩体级别的因素和级别之间的一种非线性映射，对未知的岩体进行工程分级。

从以上关于岩体工程质量分级的阐述中可以看出其发展趋势为：从单一指标（或参数）到多参数的综合分类，从定性到定量，从感性（经验的）到理性（科学的）的方向发展。但是，对岩体质量科学、定量的综合评判，是一个很复杂的问题，因为影响岩体工程质量的因素很多，在工程岩体质量分级中应充分考虑哪些因素及其影响程度如何是值得深入研究的问题。

岩石、岩体及其赋存环境的复杂性使得岩体介质类型不同于其他任何一种力学材料，在裂隙岩体的工程实践中，准确评价裂隙岩体的岩体质量是进行工程方案设计和施工的基础。裂隙岩体质量是岩体工程地质特性的综合反映，它客观反映了岩体结构固有的物理属性、力学特性和工程属性，为工程设计提供科学的定量指标，为工程施工达到合理经济的目的提供依据。

1.3 岩体化学加固和堵水材料分类

1.3.1 水泥基材料

硅酸盐类水泥作为注浆材料，具有结石强度高、耐久性好、材料来源丰富、工艺设备简单、成本较低、抗渗性较好、注浆设备品种齐全等特点，所以在各类工程中广泛应用。但这种浆液容易离析和沉淀、稳定性较差，并且由于其颗粒度大，使浆液难以注入土层的细小裂隙或孔隙中，扩散半径小，凝结时间不易控制，结石率低。为了适应不同类型工程的需要，可在浆液中加入不同的添加剂（表1-9），来改善水泥浆液的性质。硅酸盐类水泥的种类很多，其主要性能首先取决于其矿物组成。矿物组成有硅酸三钙（C_3S）、硅酸二钙（C_2S）、铝酸三钙（C_3A）、铁铝酸四钙（C_4AF）等。各种矿物单独与水作用所表现的性能是不同的，组成硅酸盐水泥的各种矿物组成的比例不同，水泥的性能差异也很大，改变水泥中矿物组成的比例，可以满足不同工程类型的需要。工程中按矿物组成对硅酸盐水泥品种进行划分（表1-10）。可根据注浆工程的具体情况，选择不同类型的水泥以满足工程耐久性等方面的要求。现在普通水泥浆液一般分为单液水泥浆和水泥-水玻璃双液浆。水泥-水玻璃双液浆克服了单液水泥浆的凝结时间长、凝结时间不易控制、结石率低的缺点。但该浆液在注浆前应进行细致的试验测定，确定水灰比和水玻璃的浓度以及水泥浆与水玻璃的体积比等指标。

表1-9 配套添加剂

名称	试剂	用量	说明
超快硬化剂	NX型	3%~6%	加速凝结和硬化，提高结石强度
缓凝剂	木钙、酒石酸等	0.1%~0.5%	延缓凝结，也增加流动性

表 1-9 (续)

名称	试剂	用量	说　明
超塑化剂	高效 UNF、NF 等	0.8% ~ 1%	增加流动性，提高结石强度
水溶性分子胶粉	RE 523Z	1% ~ 3%	提高浆液的黏结强度
膨胀剂	水泥类膨胀剂	按要求选定	约膨胀 1%，提高加固效果

表 1-10　按矿物组成划分的水泥品种　　　　　　　　　%

矿物成分	C_3S	C_2S	C_3A	C_4AF	其他
普通水泥	45	27	11	10	7
超早强水泥	55	17	11	9	8
低热水泥	30	46	5	13	6
抗硫酸盐水泥	45	35	4	10	6

采用普通硅酸盐水泥配制注浆材料，其最大粒径常在 $60 \sim 100~\mu m$，而且其占用量一般在 50% 以上，采用这种粒径的灌注材料难以注入 $200~\mu m$ 以下的裂缝，而且浆液的可注性差，初凝时间长，不能准确地控制浆液的初期强度，强度增长慢，易沉降析水，结实强度低，在动水条件下易冲稀而流失。因此，水泥注浆材料有以下四个发展方向。

(1) 超细水泥。现在国际上出现了粒径小于 $20~\mu m$ 的超细水泥，其具有水泥浆材和化学浆材的优点，且对环境无污染。这种新型水泥为注浆界开辟了新的领域，有逐步取代化学浆材的趋势。在封堵地下水、加固坝基及隧道防渗、堵漏、复杂地基的处理和深基坑开挖中的基坑支护等工程中取得了良好的效果。

(2) 高水速凝材料。是英国最早研究成功的新型水硬性凝胶材料，主要成分是硫铝酸盐，具有结石体含水率高、用料省、凝胶快、可泵性好、结石体强度高等优点。与水泥-水玻璃浆液相比，用料省；与化学浆液相比，成本低。高水速凝材料一般由甲料和乙料组成，甲料配方为硫铝酸盐水泥熟料、柠檬酸、水，乙料配方为石膏、生石灰、膨润土、碳酸钠、水。

(3) 硅粉水泥浆材。硅粉是生产硅铁和工业硅过程中的副产品，主要成分为二氧化硅。硅粉能够提高混凝土力学强度，也可在水泥浆中掺入适量硅粉，提高浆液结石强度。

(4) 纳米水泥材料。这种材料粒径在 $1 \sim 100~nm$ 之间，具有表面能大、化学活性很高、高吸气性和高混合性的特点，油和水无法黏附在材料表面。

在煤矿支护中，高水速凝材料和硅粉水泥浆材可能应用，其他两种材料由于价格相当昂贵，一般不会应用。

1.3.2　高分子化学基材料

化学加固和堵水材料是20世纪30年代之后，随着石油化工的发展而发展起来的高分子化学的一个应用学科。

化学材料应用于加固和堵水最早出现于19世纪末，第一个应用化学材料的是德国的切沙尔斯基。1886年，他在一个孔里注入浓硅酸钠，另一个相邻孔里注入凝结剂，因而获得专利。1909年，比利时的莱梅利和杜蒙发明了灌注稀硅酸钠和酸溶液混合的一步法。1912年，法国的阿尔伯特·弗兰科伊斯使用硫酸铝与硅酸盐同时灌注的方法。1925年，荷兰工程师尤斯登（H·J·Joosten）论证了硅酸盐化学灌浆的可靠性，并获得专利。从19世纪末到20世纪50年代初，这期间所有的化学浆材都是水玻璃型的。

自从第二次世界大战期间美国研制了以丙烯酰胺为主剂的有机高分子化学灌浆材料AM-9以来，由于有机高分子灌浆材料具有优异的渗透性、固结性、防渗性和凝胶时间可调性等，使得其成为解决（水泥悬浮液和水玻璃系浆液无法解决的）工程疑难问题必不可少的主要灌浆材料。进入20世纪60年代后，有机高分子灌浆材料迅速发展，出现了一系列有机高分子灌浆材料。目前最常用的化学灌浆材料可分为两大类（一是防渗止水类，有水玻璃、丙烯酸盐、水溶性聚氨酯、弹性聚氨酯和木质素等；二是加固补强类，有环氧树脂、甲基丙烯酸甲酯、非水溶性聚氨酯等），7个系列（表1-11、图1-2），上百个品牌。近年来，应用最多的是水玻璃、聚氨酯、丙烯酸盐和环氧树脂浆材。

表1-11　七大化学加固和堵水材料

序号	材料名称
1	水玻璃类
2	木质素类
3	丙烯酸盐类
4	聚氨酯类（油溶性、水溶性、弹性）
5	环氧树脂类
6	甲基丙烯酸甲酯类
7	丙烯酸胺类

我国在化学加固和堵水方面材料的研究是从20世纪50年代末提出的，并初步掌握了化学加固和堵水方法。1953年开始研究应用水玻璃作为加固和堵水材料。1954—1956年，中国科学院化学研究所和有关部门开始土壤硅化电化学加固的研究工作。1958年，国家科学技术委员会建立三峡岩基组，提出长江三峡

— 17 —

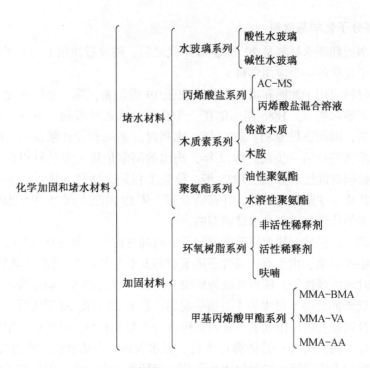

图 1-2　有机高分子加固和堵水材料分类

工程深覆盖层防渗补强和坝体混凝土裂缝补强加固两大课题，并列入我国"十二年科学发展规划"。1959 年 5 月在北京召开了有关专家灌浆座谈会，随后提出研究报告，指出了木质素磺酸钙对水泥有分散作用，同时还指出了硅酸盐、环氧树脂、甲基丙烯酸甲酯等材料具有作为加固和堵水材料的应用前景。同时，由于青铜峡、丹江口等大型水电工程的建设，迫切需要化学加固和堵水材料，各方面加强了研究工作，中国科学院广州化学研究所、中国水利水电科学研究院、长江科学研究院、华东水利水电勘察设计研究院等单位进行了高分子化学材料的研究。20 世纪 60 年代研制出了丙烯酰胺类材料（俗称丙凝）、甲基丙烯酸甲酯和环氧树脂材料，并用于大坝基础和混凝土裂缝灌浆处理，70 年代开发了聚氨酯系列材料，80 年代开发了丙烯酸盐和酸性水玻璃，90 年代以来在我国矿山、堤坝等工程中获得广泛应用。

自 1998 年特大洪水灾害以后，岩体化学加固和堵水技术在中国堤防工程穿堤建筑物的防渗堵漏和补强加固方面做了拓展应用，并取得了广泛的社会效益和经济效益。

1. 丙烯酰胺类浆材

丙烯酰胺类浆材（国内简称丙凝，美国简称 AM-9，日本简称日东-SS 等），是以丙烯酰胺为主剂，配以其他药剂而制成的防渗堵水灌浆加固材料。由于该类材料是低黏度水溶液，且性能活泼，反应容易控制，施工操作简便，含量为4%以上的水溶液，能形成具有弹性且不溶于水的凝胶体，堵水效果好。

丙烯酰胺类浆液及凝固体的主要特点为：

（1）浆液属于真溶液。在20℃及标准浓度下，其黏度仅为$1.2×10^{-2}$ Pa·s，与水甚为接近，可灌性好。

（2）浆液从制备到凝结所需的时间可以从几秒至几小时内准确地加以控制，而其凝结过程不受潮湿和空气的干扰或很少干扰。反应是游离聚合反应，几乎全部凝结。

（3）浆液的黏度在凝结前维持不变，这就能使浆液在注浆过程中维持同样的渗入性。而且浆液的凝结是立即发生的，凝结后的几分钟内就能达到极限强度，这对加快施工进度和提高灌浆质量都是有利的。

（4）浆液凝固后，凝胶本身基本上不透水（渗透系数约为10^{-9} cm/s），耐久性和稳定性都好，可用于永久性灌浆工程。

（5）浆液能在很低的浓度下凝结，如采用标准浓度为10%，其中90%是水，且凝固后不会发生析水现象，即一份浆液就能堵塞一份土的空隙。因此，丙凝灌浆的成本相对是比较低的。

（6）凝胶体抗压强度低。其固砂体的抗压强度一般不受配方影响，约为0.4~0.5 MPa。

（7）浆液能用一次注入法灌浆，因而施工操作比较简单。

在实际灌浆时，为了缩短在低温下的凝胶时间，可使用还原性金属离子，如二价铁离子以及在叔胺存在下使用能形成稳定络合体的螯合剂的方法。另外，还有把作为还原成分的抗坏血酸钠和还原性金属离子并用的方法，但使用胺催化剂的方法，在黏土中，胺会变成阳离子，通过离子交换而被吸附，致使发生部分固结不良或胺溴的现象。丙烯酰胺类浆材最大的缺点就是浆液具有一定的毒性，操作时应严格跟踪它对生活用水的影响。

2. 环氧树脂类浆材

环氧树脂可通过三种交联固化反应成为热固性树脂：①环氧基之间的直接链接；②环氧基与羟基的直接链接；③环氧基与固化剂的活性基团发生反应，彼此链接。作为化学灌浆材料的环氧树脂，通常由两部分组成，一种组分的基本成分是环氧树脂，另一种组分的基本成分是固化剂，这一组分常常含有活性增韧剂。每一组分在单独放置时是很稳定的。但是，当两组分按一定比例混合后，在室温下，混合物在较短的时间内便由液体变成坚韧的固体。像所有化学反应一样，加热可促进反应。因此，环氧树脂固化剂在热天比冷天固化快。树脂一旦被固化，就不溶不熔。使用得当，其黏结强度往往会超过被黏结体的强度。

目前，各国生产的环氧树脂牌号很多，而各国用作化学灌浆的环氧树脂牌号也各不相同，但一般都采用普通的双酚 A 型环氧树脂（占环氧树脂总含量的10%）和可以进行室温固化的胺类固化剂。作为化学灌浆材料，通常还要在以上两种组分中适当地加入改性剂、增韧剂、稀释剂、填料等，以适应不同的灌浆对象和目的。

环氧树脂是一种热固性高分子材料，它具有强度高、黏结力强、收缩性小、化学稳定性好、能在常温下固化等特点，缺点是浆液的黏度大、可灌性小、憎水性强、与潮湿裂隙缝黏结力差等。因此，现在灌浆工程中应用的环氧树脂大多是经过改性的。

我国常用的环氧树脂类浆材的配方与性能分别见表 1-12 和表 1-13。

表 1-12 环氧树脂类浆材的常用配方

材料	作用	配方					
		1	2	3	4	5	6
环氧树脂（E-44）	主剂	100	100	100	100	100	600
甘油环氧树脂（Ciba 252）	稀释剂	35	35	20		70	
糠糖（工业）	稀释剂	35	35		30		100
丙酮（工业）	稀释剂			70	70		
糠叉丙酮（自制）	改性剂					60	90
二乙烯三胺（工业）	固化剂	18	22	20		70	100
三乙烯四胺	固化剂				23	33	40

表 1-13 环氧树脂类浆材的性能

配方	抗冲击强度/ (kJ·m^{-1})	极限抗压强度/ MPa	弯曲强度/ MPa	与混凝土胶结面的劈裂抗拉强度/MPa	
				干缝	湿缝
1	2.94	93.9	51.79	1.65	1.77
2	8.03	138.0	84.29	1.41	1.11
3	4.00	108.0	22.00	2.20	1.50
4	5.00	110.0	10.00	2.18	1.55

关于环氧树脂浆材的配制、使用及浆液的一些特点，说明如下：

（1）黏度大，憎水和凝固体的脆性是作为灌浆材料环氧树脂的主要缺点，近十几年来有关单位对此问题做了大量的实验研究，找到了一些解决途径。

（2）环氧树脂具有许多独特的性能：①可在室温下迅速固化；②固化后的树脂具有很高的抗压和抗拉强度；③与很多材料，如金属、陶瓷、岩石、混凝土等有很强的黏结力；④收缩率很小；⑤稳定性好，能抵抗酸、碱、溶剂等的侵蚀。由于它具有突出的优点，在各个方面获得了广泛的应用。

（3）主剂环氧树脂需加入固化剂，才能成为有强度的高分子灌浆材料，而为了使浆液具有良好的可灌性，又必须加入大量稀释剂以降低黏度，但由此引起浆液固化时间大大延长，因此同时要加入一定的促进剂以缩短其固化时间。这样一来，由于灌浆设计中考虑的不同，就出现了品种繁多的环氧树脂浆液。

（4）关于环氧树脂的憎水性对灌浆效果的影响问题，属于浆液改性的范畴，近年来，不少研究者从不同的途径做了探索，只可惜研制了涂料和黏胶剂等类产品，尚未研制出用于灌浆的水溶性环氧树脂浆液。

3. 聚氨酯浆材

聚氨酯浆液是采用多异氰酸酯和聚醚树脂等作为主要原料，再掺入各种外加剂配制而成的。浆液灌入地层后，遇水即反应生成聚氨酯泡沫体，起加固地基和防渗堵漏等作用。

聚氨酯加固材料又可分为水溶性与非水溶性两类，前者能与水以各种比例混溶，并与水反应形成含水凝胶体；后者只能溶于有机溶剂。此外，国内使用的还有弹性聚氨酯浆材，是非水溶性聚氨酯浆材。

聚氨基甲酸酯类浆液，其主剂氨基甲酸酯预聚体的异氰酸基与地下水反应形成脲键从而生成氨基甲酸酯树脂。另外，在与水反应的同时伴随有发泡反应，使固结体的体积增加，当土中的固结体体积增加受到环境的限制时，其强度就显著增加。

聚氨酯浆液具有如下特点：

（1）在任何条件下都能与水发生反应而固化，所以浆液不会因遇水稀释而流失。试验表明，水在土体空隙中的流速在 1 m/s 以上时，以往所用浆液的固结率就急剧下降，而氨基甲酸酯系列的固结率几乎没有变化，有优异的动水固结性。

（2）固结体具有多种形态，可以是硬性的塑胶体，也可以是延伸性好的橡胶体，或者是可硬可软的泡沫体。因此，它既可以作为补强加固的灌浆材料，也可以作为防渗堵水的灌浆材料，还可用于适用伸缩变化的嵌缝材料。

（3）固结体的早强强度高，对沙土的处理强度高达 10~15 MPa，有优异的压密特性，不会因压密脱水发生体积变化。

（4）浆液有水溶性和非水溶性两种，浆液黏度低，可灌性好，结石体有较高强度，可与水泥灌浆相结合，建立高标准防渗帷幕墙。

4. 木质素类浆材

木质素类浆液是以用亚硫酸盐法造纸时得出的亚硫酸盐纸浆废液为主剂，加入一定量的固化剂重铬酸钠所组成的浆液，准确地说，这种以重铬酸钠为固化剂的浆液应叫作铬木素浆液，还有一种叫硫木素浆液，以过硫酸铵为固化剂。

1）铬木素浆液

铬木素浆液只有纸浆废液和重铬酸钠两种组分。这种浆液凝胶时间长，有毒，可以用三氯化铁作为促进剂，缩短其凝胶时间。为提高其强度，又研究出以铝盐和铜盐作为促进剂的铬木素浆液，但毒性均未减小。随后，东北大学研究出铬渣木素浆液，从而使铬木素浆液的毒性大幅度下降，同时成本也大为降低。

（1）铬木素浆液的主要特点：

①浆液的黏度低（2~5 mPa·s），可灌性好，渗透系数为 $10^{-7} ~ 10^{-4}$ cm/s 的地基均可灌注。

②防渗性能好，用铬木素处理的地基，其渗透系数可达 $10^{-7} ~ 10^{-8}$ cm/s。

③浆液的凝胶时间可在数分钟至数十分钟内调节。

④固砂体的抗压强度为 0.4~0.9 MPa。

⑤新老凝胶体之间的胶结较好。

⑥原料来源广，价格低廉。

（2）浆液的性能及影响因素：

①影响浆液凝胶时间的因素：

a）废液的浓度越大，木质素含量越高，则浆液的凝胶时间越短。

b）重铬酸钠用量越多，浆液的凝胶时间越短。

c）浆液温度对胶凝时间的影响较大，特别是当温度较高（30 ℃）时。

d）随着浆液的 pH 值降低，凝胶时间显著缩短。

②影响固砂体的抗压强度的因素：

a）浆液浓度越高，固砂体的强度越大，当重铬酸钠用量为 8 g/100 mL 时，就强度而言，废液干粉掺量以 30%~35% 为宜。

b）固砂体的抗压强度随重铬酸钠掺量的增加而增高，但在干粉掺量为 30 g/100 mL 时，重铬酸钠掺量低于 4 g/100 mL 制作的试件则结构松散，经水浸泡不久就解体，并析出有毒的铬离子。

c）固砂体的强度随氯化铁掺量的增加而增加。

2）木铵化学浆液

木铵化学加固材料由亚硫酸盐纸浆废液、尿素、甲醛和硝酸铵组成。废液、尿素、甲醛在硝酸铵的作用下，发生缩合反应，生成高强度的凝胶体。木铵化学浆液的配比见表 1-14，使用时采用双液灌注，甲、乙两液用时混合。

表 1-14　木铵化学浆液的配比

浆　液　名　称		配　　比
甲液	亚硫酸盐纸浆废液（L）	5%～20%
	尿素（U）	UF 含量 20%～30%
	甲醛（F）	
乙液	硝酸铵（A）	1%～10%
	水（W）	

木铵化学浆液具有以下特点：

（1）凝胶时间随硝酸铵的用量增加而缩短。当硝酸铵过量时，不但不能缩短凝胶时间，反而有延长的趋势。这是因为硝酸铵溶解时吸收大量的热量，致使温度降低而使凝胶时间延长。此外，硝酸铵过量时消耗一部分甲醛也会引起凝胶时间延长。

（2）实验表明，固砂强度在 0.4～0.45 MPa 之间变化，纸浆废液浓度越大，固砂强度越高。而尿素、甲醛含量越高，其强度也越大。

（3）施工中还存在甲醛的刺激性问题，有待进一步解决。

3）木喃化学浆液

木质素类加固材料常用的纸浆废液（木质素硫磺酸盐黑液）是亚硫酸法造纸工业的废水经蒸发脱水后形成的黑色黏稠状水溶性胶态溶液，其密度为 1.2～1.25，固体物含量为 62% 左右，其中木质素硫磺酸盐类占 1/3，其余的为糖酸类和无机盐类。木喃化学浆液就是以纸浆废液中的木质磺酸盐类、糖醛和尿素三种物质为主剂，掺和酸类固化剂、分散剂和亲水剂构成的浆液。该种浆液灌入土层后，进行三元共缩聚反应，生成网状结构、不溶、不熔、不透水的高分子凝胶体。由于凝胶体强度高、毒性小、可灌性好，可作为软弱松散地基、深覆盖层、基岩断层或破碎带的防渗堵水、地基加固和松散基岩固结的良好灌浆材料。

木喃化学浆液的纯胶体和固砂体在水中浸泡 3 d 多，未发现溶胀和溶解，且不变形，稳定性好，毒性小。不足之处是由于在浆液中使用了糖醛，有一种特殊的臭味。

5. 丙烯酸盐类浆液

自从 20 世纪 40 年代美国海军和马萨诸塞工科大学在军事工程上使用丙烯酸盐加固地基以来，世界各国先后研究出一系列丙烯酸盐类浆材，随着丙烯酸产量增加和价格降低，而更主要的是丙烯酸盐作为灌浆材料所具有的一系列优点，如可灌性好、低毒、凝固点低、凝胶体有一定的强度和弹性，以及胶凝时间可调等，作为微细裂隙的比较好的灌浆材料，丙烯酸盐逐渐扩大应用于灌溉工程，一般作为堵漏剂、软弱地层稳定剂、土壤团粒化剂、导电剂、接缝密封剂和水泥混合剂等，它的名字在日本是"阿隆 A-4 系列"，在美国是"AC-400"，我国则有"AC-MS 浆液""ATM 系列"等。丙烯酸还是一种有机电解质，若改变成盐金属的种类，又可以获得软硬自如的各种树脂。

丙烯酸盐浆材是由一定浓度的单体、交联剂、引发剂、阻聚剂组成的水溶性浆材。可根据不同的目的使用各种共聚体。常用的共聚单体有丙烯酰胺、羟甲基丙烯酸胺、丙烯氰等。丙烯盐单体浓度在 10%～30% 之间变化，对不同盐类，使用的浓度范围也不同。丙烯酸盐的种类和性状见表 1-15。

表1-15　丙烯酸盐的种类和性状

丙烯酸盐的种类		单体水溶液的性状				聚合物（凝胶）的性状				
		浓度/%	pH	密度	黏度/(mPa·s)	外观	溶解性		稳定性	
							水	有机溶剂	酸	碱
一价	丙烯酸钠	30	7.0~7.5	1.15	3.9	透明凝胶	溶解	有机溶剂	酸	碱
	丙烯酸钾	30	5.5~6.0	1.14	2.0	透明凝胶				
二价	丙烯酸钙	30	6.0~6.5	1.11	4.0	白色凝胶	不溶	有机溶剂	强酸	稳定
	丙烯酸锌	30	4.5~5.5	1.12	3.7	白色凝胶			中	
	丙烯酸镁	30	5.5~6.0	1.19	6.2	半透明凝胶			侵蚀	
	丙烯酸钡	30	5.0~5.5	1.27	2.6	白色凝胶			弱酸	
	丙烯酸铅	10	3.5~4.0	1.07	1.2	白色凝胶			中	
	丙烯酸镍	30	4.0~4.5	1.18	2.6	绿色凝胶			稳定	
三价	丙烯酸铝	10	4.0~4.5	1.05	1.5	白色凝胶	不溶	有机溶剂	酸	稳定
	丙烯酸铬	10	2.5~3.0	1.07	2.0	绿黑色凝胶				

尽管所选择的成盐金属不同，所得的丙烯酸的性能也有较大差异，但所配制成的丙烯酸盐浆液还是具有一些共性：

（1）多价丙烯酸盐的聚合物是不溶于水的凝胶，它具有空间状结构，在网

— 24 —

状的聚合物分子中，包含大量的水分子。另外，丙烯酸盐是电解质，它在土粒间的凝胶不但能充填土粒孔隙，而且还能与土粒起反应，使固结体的强度进一步增大。

（2）丙烯酸盐类浆液黏度低，渗透性好。另外，渗透性还与浆液对土粒的亲和性有关。丙烯酸盐类水溶液的表面张力为 $40 \sim 50$ mN/m，比水的 72 mN/m 低，与水相比更容易与土粒浸润，故向地基中的微细孔隙的渗透性更好。

（3）用氧化还原系统催化剂可将胶凝时间控制在数秒到数小时；在 0 ℃ 左右，可用铁盐作速凝剂；pH 改变时对不同盐类的凝胶时间影响不一样；浆液在固化前黏度几乎不变；固化时黏度突增，与 AM-9 相似。

（4）丙烯酸盐类凝胶是强韧的弹性体，其中丙烯酸镁最为显著。土壤中丙烯酸盐的掺加量有一个最优范围，一般在 30% 左右，超过这个范围强度反而降低；不同的盐类，性质有差别；锌、镍、铝盐是强硬的凝胶，而镁、锶盐是富有弹性的凝胶。因此，可根据不同的目的选用不同的盐类。

6. MINOVA 公司生产的系列产品

MINOVA 公司是世界上一家主要的采矿化工材料制造公司，主要生产有机树脂类与无机粉体类材料，其材料主要用于岩层加固、堵水工程、各类空穴充填、矿井通风、防灭火及瓦斯等方面。

1）密闭性材料

该材料主要是经过特殊加工处理的无机类粉体材料，应用时直接与水按适当比例混合，凝结时间短。各型号密闭性材料优点、适用范围及技术参数见表 1-16。

表 1-16　密闭性材料优点、适用范围及技术参数

名称	产品优点	适用范围	技 术 参 数				保质期
			水∶灰（质量比）	用料量/（kg·m⁻³）	凝结时间/min	抗压强度/MPa	
密闭 I 号（Tekblend）	快速凝固，仅 3 min 迅速形成强度，最终可达 4 MPa，最远泵送距离可达 250 m，膨胀率高，每立方米浇注体需要瑞米密闭 I 号 350 kg	主要用于构筑控制通风的密闭墙和加固破碎岩石，特别适用于：（1）构筑矿井采空区密闭墙；（2）加固破碎岩层；（3）采空区或巷旁充填、支护	2∶1	380~420	3~7	>4.0	常温下 6 个月

表 1-16（续）

名称	产品优点	适用范围	技术参数				
			水：灰（质量比）	用料量/（kg·m⁻³）	凝结时间/min	抗压强度/MPa	保质期
密闭Ⅱ号（Tekseal）	低成本、高效率、可变形、高可靠性、长期稳定、低碱性、无毒、阻燃、操作安全	（1）构筑矿井采空区防爆和永久密闭墙墙体；（2）构筑动压影响区内的隔离墙、密封破碎岩体，防止瓦斯泄漏，保障通风安全	1：1	270~330	1~2	>1.4	常温下6个月
密闭Ⅲ号（Takfoam）	凝固后的泡沫可承受岩层的变形，膨胀率高、性价比高、施工简单、泵送性好，最远泵送距离可达300 m	（1）一般空穴和支架壁后充填；（2）用于沿空留巷支架的壁后充填，隔离采空区瓦斯，防止煤炭自然发火；（3）用于沿空掘巷的小煤柱裂隙的封闭，隔离采空区瓦斯，防止煤炭自然发火	2：1	130~170	1~2	>0.4	常温下6个月

2）加固和堵水材料

该材料属于双组分有机复合树脂材料，100%树脂含量，双组分树脂混合注入破碎煤（岩）体后能迅速反应并凝固，生成高强度、高韧性的树脂材料，实现对破碎煤（岩）体的加固及对其裂缝的封堵。加固和堵水材料优点、适用范围及技术参数见表 1-17。

化学材料因能注入宽度为 0.1 mm 及其以下的裂隙而被岩土、矿山等工程界所重视。国际上有关科学家和工程师研究认为：宽度超过 0.0035 mm 的裂隙就可能成为渗水通道；水在 0.007 mm 宽的裂隙中，仍会产生 10~4 cm/s 的流速。而在安全系数要求较高的堤防工程中，几乎普遍存在宽度在 0.0035~0.007 mm 的裂隙，然而 10~4 cm/s 的渗流速度，基本上被堤防设计工程师纳入防渗处理的界限值。换而言之，如此细微的裂隙必须处理，否则会贻误解决堤防安全隐患时机。

长期以来，对于渗流速度大于 10^{-4} cm/s 的裂隙处理，大多采用水泥浆液，而水泥是具有一定粒度的颗粒材料，如普通硅酸盐水泥，其最小粒径为

0.088 mm，即使是525号普通硅酸盐改性水泥，其最小粒径也有0.04 mm。显而易见，无论是普通水泥还是改性水泥配制的浆材，对于0.007 mm的裂隙是无能为力的。这就要求寻找新的注浆材料。

表1-17　加固和堵水材料性能适用范围及技术参数

名称	产品优点	适用范围	技术参数			
			水：灰（质量比）	用料量/（kg·m）	凝结时间/min	抗压强度/MPa
加固Ⅰ号（Bevedols—Bevedan）	（1）加固厚煤层和深部开采工作面巷道超前压力影响范围内的破碎围岩；（2）加固放顶煤工作面顶煤和深部工作面的松散煤壁，防止大面积片帮和冒顶；（3）加固密闭墙周围的破碎岩体和沿空侧的裂隙煤柱，防止瓦斯泄漏。	两种材料混合注入破碎岩层或煤体后能迅速起泡和快速凝固，生成具有高抗压能力和柔韧性的树脂材料，从而实现对破碎岩层和煤体的加固和裂隙封堵	2：1	380~420	3~7	>4.0
密闭Ⅱ号（Tekseal）	低成本、高效率、可变形、高可靠性、长期稳定、低碱性、无毒、阻燃、操作安全	（1）构筑矿井采空区防爆和永久密闭墙墙体；（2）构筑动压影响区内的隔离墙、密封破碎岩体，防止瓦斯泄漏，保障通风安全	1：1	270~330	1~2	>1.4
密闭Ⅲ号（Takfoam）	凝固后的泡沫可承受岩层的变形，膨胀率高、性价比高、施工简单、泵送性好，最远泵送距离可达300 m	（1）一般空穴和支架壁后充填；（2）用于沿空留巷支架的壁后充填，隔离采空区瓦斯，防止煤炭自然发火；（3）用于沿空掘巷的小煤柱裂隙的封闭，隔离采空区瓦斯，防止煤炭自然发火	2：1	130~170	1~2	>0.4

此外，对于岩土工程，出现裂隙往往又多处于具有一定流速的漏水部位，注入的浆材易被水稀释或冲走。故在寻求新材料时，要求具有高黏结强度和瞬时黏结的功能。

综上所述，一是结构上要求浆材粒径应小于裂隙的最小尺寸，至少小于 1/3~1/10；二是功能上要求胶结时间短、有一定强度，能够加固和堵水。化学材料如环氧树脂材料、丙烯酸盐材料、聚氨酯材料、甲基丙烯酸质材料、木质素类材料、硅酸钠（水玻璃）类材料等，自 19 世纪末，在国内外水资源堤防工程、水利水电工程、交通公路、铁道、机场、桥梁、隧道、港口、码头工程、矿山工程、石油工程、核废料及垃圾处理工程、文物考古工程、人防地下工程，以及工民建基础处理工程中，均得到广泛应用。

无论是水泥基材料的分类方法还是高分子化学材料的分类方法，都是从化学性质的角度对材料属性的分类，而没有考虑材料在工程中的具体使用，这不利于材料的选型与应用。

第 2 章　裂隙岩体质量快速描述方法

岩石、岩体、赋存环境及其灾变过程的复杂性使得岩体介质结构组成类型及特性不同于其他任何一种力学材料，同时要对岩体进行可靠的强度试验也很困难，所以至今在岩石工程中应用的岩体分类方法大多是以定性的观测资料及经验为基础的。但是岩石工程的设计又需要定量化的方法，裂隙岩体的快速化学加固和堵水工程要求建立有针对性的考虑动载的方便、实用、高效的岩体质量评价体系。为此必须改进对岩体特性的描述方法及对观测数据的实用判定准则。

本章主要以裂隙岩体中的裂隙（泛指厚度小于 0.1 m 的天然不连续面，本文中的裂隙包括节理、夹层、断裂、天然裂缝、微裂隙和薄层等），引起岩石强度降低为基础从而表征裂隙岩体的属性，采用的参数对具体的岩体工程有重大影响，为裂隙岩体的化学加固和堵水而提出的新的岩体质量分级方法。

本章系统阐述裂隙岩体化学快速加固和堵水质量评价方法中的核心指标——当量裂隙度的建立过程，即裂隙岩体当量裂隙度概念的提出、当量裂隙度中裂隙密度参数的取得、基于裂隙密度估算当量裂隙度，为岩体化学快速加固和堵水材料决策系统的研究奠定理论基础。

2.1　当量裂隙度概念的建立及意义

2.1.1　概述

岩体被节理、裂隙等结构面切割的程度不同，对岩体强度的影响也大不一样。图 2-1 所示是一定围压条件下，岩体试件应力-应变曲线示意图。从图 2-1 可以看出，同种岩石含不同节理裂隙试件的强度特征差别巨大，究其原因，在于其内在不连续面结构的本质不同。

在实际裂隙岩体工程中遇到的均质岩体情况很少见，所碰到的岩体绝大多数均被各种节理、裂隙、断层等结构面切割与破碎，本章把这种待治理的工程岩体称之为裂隙岩体。在裂隙岩体中，结构面各式各样，规模相差悬殊，大到一个断层，小到只有一个裂隙、细微裂隙及显微裂纹等均可以在研究岩体强度性质中加以考虑。另外，实际工程岩体被结构面切割程度的大小也与岩体工程规模有关，工程岩体结构也会随着含结构面的多少而发生变化，如图 2-2 所示，所考虑的岩体范围越小，岩体中所含有的节理数就越少，因而岩体的结构类型也就会有所不同。

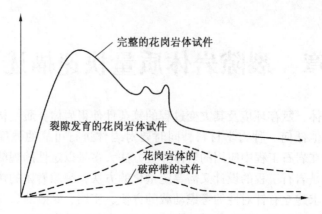

图 2-1　有围压状态下岩体试件应力-应变曲线示意图（据谷德振，1976）

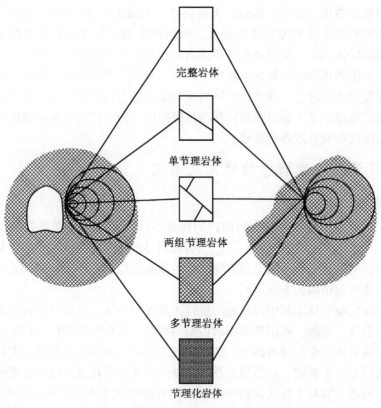

图 2-2　岩体结构与工程规模之间的关系

2.1.2 当量裂隙度指标建立的方法论

通过对事物内在本质的分析和综合，实现思维从抽象到具体的过渡，并使这种过渡达到逻辑的和历史的一致，这是人类认识事物的一般过程。它的意义在于使思维的辩证本性在概念的矛盾推演中逐渐展开和逐渐深入，从而使人们达到对客观世界的内在本质的全面而深入的认识。辩证思维中的理想化方法是在思维中构建事物的理想模型与理想关系，并在此基础上进行思维中的理想操作和理想实验的现代科学思维方法。在人类实践活动中，特别是在特别大的复杂系统和组织性很强的系统工程中，理想化方法占有极其重要的地位。

岩体具有地质属性、力学属性和工程属性，而力学属性和工程属性很大程度上取决于其地质特征。对岩体的地质特征进行合理的简化与抽象，从而建立起比较符合实际的地质模型是岩体力学分析的基础。建立岩体地质模型要求定量表达各种主要地质特征，以便将其理想化纳入地质模型。这种定量表达是岩体力学进一步分析并服务于岩体工程的前提。

岩体结构是岩体本身所具有的，不以人的意志所转移的本属性。但实际岩体又是非常复杂的，我们所辨识的结构是相对简单的、可分析的，又能反映本质的方面。总之，岩体结构是从真实岩体中抽象出来的理想模型，并没有将全部相关的因素都纳入其中，只反映岩体的本质属性。裂隙岩体理想化结构模型是在大量现场地质调查及常规试验的基础上建立起来的，它来源于工程，又高于工程，对节理岩体所赋存的复杂地质环境与结构条件进行了高度的简化，使工程岩体呈现出相对简单而又不失真的岩体结构，从而使得研究工作得以顺利进行。因此，我们所建立的岩体结构模型不仅符合实际，而且还得到实践的检验。

裂隙岩体理想化结构模型是以客观的、复杂的岩体结构为基础，通过科学抽象而在思维中建立起来的模型，具有客观的合理性，反映了岩体结构相似的关系。裂隙岩体理想化模型不仅与具体的复杂岩体结构不同，而且与一般的岩石力学概念也不同，它是反映工程岩体的主要特征和特性，而忽略其他特性的一种特殊的科学概念。在更深的层次上，通过对裂隙岩体理想化结构模型的"数值试验"研究，可避免多种因素的干扰，直接揭示裂隙岩体宏观强度特征的本质和规律。

2.1.3 当量裂隙度概念的建立

裂隙岩体中包含了从微观到细观以及到宏观的各种尺度的裂隙。若想详细研究每一裂隙或所有裂隙之间的相互作用，对岩体的精确力学效应是不现实的，本章采用宏观的角度进行工程意义上的近似简化分析的方法。

如图2-3所示，把裂隙岩体的工程区域称为靶区，把长、宽、高均为1 m的单位岩体称为当量区间,把理想化的岩体模型称为概化模型。

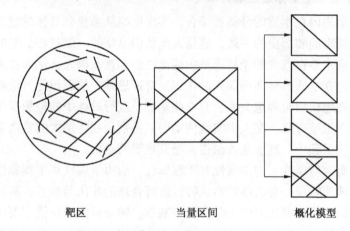

靶区   当量区间   概化模型

图 2-3   当量裂隙度概念的抽象过程

首先,靶区内岩体被各种裂隙切割后的完整性通过当量区间内岩体的完整性来等效。其次,当量区间内裂隙状况可以抽象概化为单裂隙、相交裂隙、平行裂隙和相交平行裂隙 4 种情况。最后,靶区内裂隙切割岩体的状况也可以看作由概化模型中裂隙的一种或几种情况的叠加。

靶区内岩体的完整性制约和控制着岩体的强度、变形、破坏方式,所以,对裂隙岩体研究主要考虑靶区内裂隙情况,即重点通过研究单位体积内裂隙的分布情况来研究裂隙岩体的工程属性。本书把当量区间内裂隙的分布状况定义为岩体的当量裂隙度。

2.1.4　当量裂隙度的意义

岩体的当量裂隙度 I,是表征单位体积岩体被结构面切割程度的状态量,是指岩体中相互连通的有效裂隙的总体积 V_F 与工程区域内岩体总体积 V_R 之比。即

$$I = \frac{V_F}{V_R} \tag{2-1}$$

$$V_F = V_{j1} + V_{j2} + \cdots + V_{jn} = \sum_{i=1}^{n} V_{ji} \tag{2-2}$$

$$I = \frac{V_R \cdot \sum\limits_{i=1}^{n} V_{ji}}{V_R} = \sum_{i=1}^{n} V_{ji} \tag{2-3}$$

式中 I——当量裂隙度;

    V_F——有效裂隙的总体积,m^3;

V_R——待治理岩体总体积，m^3；

V_{ji}——第 i 条裂隙的体积，m^3；

n——单位节理裂隙数目。

经研究，当量裂隙度 I 来表征单位体积岩体被结构面切割的程度，也就是单位体积内裂隙的总体积。

2.2 裂隙中点面密度和裂隙平均迹长的计算方法

岩体的当量裂隙度概念表征了单位体积岩体内裂隙切割岩体的破碎状况，反映了岩体的完整性。准确获得靶区岩体内裂隙的数目和平均长度是计算岩体当量裂隙度的基础。

国内外有很多学者对裂隙平均长度和密度的估计方法进行过深入的研究，如 D. M. Cruden 等研究采用测线法对裂隙平均长度估计的方法；Priest S D、Hudson J A、Paul P H 等研究采用矩形取样窗口获取裂隙平均长度的方法；M. Mauldon 等分别研究采用圆形取样窗口获取裂隙平均长度的估算方法；Chen J P 和 Wang Q 进一步讨论窗口取样法的点估计式的估值误差，即补偿项的改正方法。对于裂隙中点面密度，Kulatilake P H S W 和 Wu T H 在假定的裂隙分布下给出裂隙中点位于窗口内的可能性。

采用测线法研究裂隙的平均长度需要充分考虑裂隙的概率分布特征，而实际工程实践中裂隙长度的概率分布特征是很难确定的。Kulatilake P H S W 提出的矩形取样窗口平均裂隙估值法，不需要考虑裂隙的概率分布、不必知道裂隙的长度，只需知道贯穿型裂隙条数、相交型裂隙条数、包容型裂隙条数和裂隙产状的概率分布即可求得平均裂隙长度。计算过程中需要进行积分运算。Zhang L 和 Einstein H H 研究圆形取样窗口平均裂隙长度估计法，由于圆形取样窗口绕任意直径的对称性，用圆形窗口法进行平均裂隙长度估计时不必考虑裂隙的产状分布，不需要进行积分运算。

本章在研究靶区范围内裂隙长度时，采用 Zhang L 和 Einstein H H 提出的圆形窗口法计算平均裂隙长的原理，在估计平均裂隙长的同时计算出裂隙的中点面密度。同时，根据工程现场测量数据，为所有的裂隙类型设计统一的数据结构，为计算裂隙岩体的当量裂隙度及评价其完整性提供理论基础和基本参数，同时为编制相应计算程序奠定基础。

2.2.1 圆形窗口分析法

由于圆形取样窗口绕任意直径的对称性，用圆形窗口法进行平均迹长估计时不必考虑节理的产状分布，不需要进行积分运算。在圆形窗口分析法中，圆形取样窗口与裂隙的关系如图 2-4 所示，设贯穿型裂隙期望条数为 N_0、相交型裂隙期望条数为 N_1、包含型裂隙期望条数为 N_2，且 $N=N_1+N_2+N_3$，则有

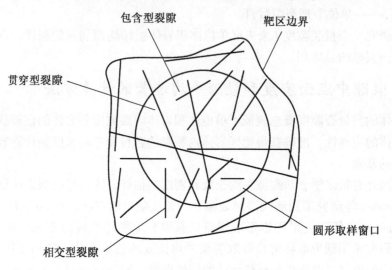

图 2-4　圆形取样窗口示意图

$$N = \rho(2rl + \pi r^2) \tag{2-4}$$
$$N_0 - N_2 = \rho(2rl - \pi r^2) \tag{2-5}$$

式中　l——平均裂隙长度，m；

　　　r——取样窗口的半径，m；

　　　ρ——裂隙中点的面密度。

由式（2-4）和式（2-5）可得

$$l = \frac{\pi r(N + N_0 - N_2)}{2(N - N_0 + N_2)} \tag{2-6}$$

窗口法平均裂隙长估计时，式（2-4）、式（2-5）是在假设裂隙中点在一维空间中均匀分布，而实际上裂隙中点面密度 ρ 在空间中是变化的，且窗口半径 r 和位置的改变都会导致 ρ 发生改变。

由式（2-4）和式（2-5）消去 l，可得

$$\rho = \frac{N - N_0 + N_2}{2\pi r^2} \tag{2-7}$$

式（2-7）与 M. Mauldon 基于相关点原则推导出的平均裂隙中点面密度公式相同。又因为

$$N - N_0 + N_2 = (N - N_0 - N_2) + 2N_2 = N_1 + 2N_2 \tag{2-8}$$

所以，式（2-7）可表示为

$$\rho = \frac{N_1 + 2N_2}{2\pi r^2} \tag{2-9}$$

从式（2-8）可知，裂隙中点面密度与贯穿型裂隙数量 N_0 不相关。

2.2.2 圆形窗口法计算机实现

在工程现场调查中，采用圆形窗口法直接进行裂隙岩体裂隙调查并不实用。根据圆形窗口法原理编制计算程序，读取矩形窗口法现场测量的数据，然后在生成的裂隙线图上布置圆形取样窗口。程序可根据测量数据的情况自动调整圆形取样窗口的位置、数量和半径的大小，同时判断并记录各种端点类型裂隙的数量，计算出裂隙的平均长度和裂隙中点面密度。

为准确地估计裂隙的平均迹线长度，编制相应的计算程序，求出不同半径和位置的圆形取样窗口中裂隙的平均迹线长度和迹线中点面密度的大小，分析其变化规律，确定出合理的平均迹线长度和迹线中点面密度。

首先根据野外测量数据恢复裂隙迹线在测量窗口的形态。在现场测量中，迹线的端点有 3 种类型，如图 2-5 所示。类型 I 表示裂隙迹线与测线相交；类型 II 表示裂隙迹线的延长线与测线相交；类型 III 表示裂隙迹线及其延长线与测线均未相交，此时，过裂隙迹线的起点作垂线，通过记录垂线与测线相交的位置 L_0 和垂线段的长度 L_1 来确定迹线的起点。

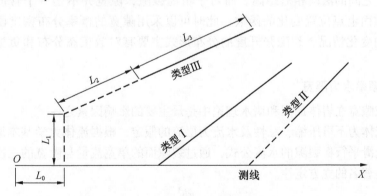

图 2-5 裂隙迹线端点类型

在编程时，为上述三种类型的节理迹线设定统一的数据输入格式 $\{L_0, L_1, L_2, L_3\}$，如图 2-5 所示：

（1）当 $L_1 = 0$，$L_2 = 0$ 时，即为类型 I 裂隙迹线；

（2）当 $L_1 = 0$，$L_2 \neq 0$ 时，即为类型 II 裂隙迹线；

（3）当 $L_1 \neq 0$，$L_2 \neq 0$ 时，即为类型 III 裂隙迹线。

读入数据后，根据数据情况确定矩形窗口的长宽，将所有裂隙迹线都包含在最小矩形窗口中。根据矩形窗口的长宽比，确定圆形窗口位置和最大半径。同时，为分析裂隙平均裂隙迹线长度和迹线中点面密度随着圆形取样窗口位置和半径的变化，采用半径逐渐减小的同心圆和相切圆两种方法对裂隙迹线进行取样。判断各取样窗口对应的 N_0、N_1、N_2 值，根据式（2-6）、式（2-7）计算靶区中各圆对应的裂隙平均迹长和迹线中点面密度，并分析得出该变化规律。

在具体的工程实践中，可以通过选取裂隙发育的靶区，按图 2-5 所示的 3 种裂隙迹线类型，记录裂隙的位置、产状、迹长等。由于实际测量中窗口长宽比大多为 1.5~3.5，所以在进行圆形窗口取样时，一般沿着测线方向取 3 个圆，且大圆的直径 d 等于矩形窗口的宽，其他两圆的直径分别为 0.75d 和 0.50d。

2.3　裂隙隙宽的计算方法

裂隙隙宽（即裂隙面的张开度）主要是岩体受拉张应力作用或结构面剪切位移导致岩石破裂扩张造成的。隙宽的大小通常与裂隙面的规模和力学成因密切相关。裂隙规模越大，隙宽越宽。张性或张剪性裂隙张开度较大，而压性或压剪性裂隙宽度较小。对完全张开型裂隙，张开度即指两裂隙面之间的平均间距，但当裂隙受荷闭合时，裂隙面上的微细起伏所形成的空隙成了导水和储水的通道，这时的裂隙张开度就显得不太直观明了。对于光滑平行板构成的裂隙，隙宽通常是指两壁之间的法向相对距离。而对于粗糙裂隙，隙宽并不是一个常值，而是随着裂隙而上点位置变化的函数，此时可以采用隙宽的概率分布密度函数来描述隙宽的变化情况。裂隙张开度的分布形式主要有对数正态分布和负指数分布两种。

2.3.1　频率水力隙宽

裂隙隙宽在岩体加固和堵水理论中是最主要的影响因素之一。

由流体为不可压缩、黏性及水流为层流的假定，根据流体力学基本原理可以推导出光滑平行板裂隙的水流公式，通过裂隙面的单宽流量与隙宽的三次方成正比，就是著名的立方定律。

$$q = \frac{gb^3}{12\mu}J_f \tag{2-10}$$

式中　q——单宽渗流量；

　　　b——裂隙宽度；

　　　g——重力加速度；

　　　μ——水流运动黏滞系数；

　　　J_f——沿裂隙面方向的水力坡度。

天然岩石裂隙与理想裂隙相差甚远，隙宽（开度）随着壁面的凸凹不平而变化。隙宽的变化使得式（2-10）中的开度 b 需要找出一个代表值来代替光滑裂隙中的隙宽，而且这个代替值能真实地反映天然粗糙裂隙的复杂变化情况，这对当量裂隙度理论公式的建立非常重要，因为隙宽是当量裂隙度概念中非常重要的参数，它的取值直接影响公式计算结果的正确性。

2.3.2 等效水力隙宽

对于符合立方定律的理想平板裂隙，其开度当然很容易准确确定。天然裂隙壁面粗糙不平，隙宽是变化的，采用何种隙宽最为合理或采取何种修正办法最有效，也是人们研究的内容之一。

为了能将立方定律应用于天然粗糙裂隙，人们提出了等效水力隙宽 b_h 的概念。其确定方法是通过试验方法获得实测过流量，然后按式（2-11）反求隙宽，即 b_h。

$$b_h = \sqrt[3]{\frac{12q\mu}{gJ}} \qquad (2-11)$$

水力隙宽的另一种确定方法是数值分析法，该方法认为隙宽符合对数正态分布规律，按隙宽的均值、方差及相关长度用计算机生成统计等效裂隙，然后将裂隙看作一个渗流域，采用有限差分或有限元法按立方定律进行渗流分析，其中每个小单元的过流量与其隙宽仍假定遵循理想立方定律，求得总流量后，再根据式（2-11）求出 b_h。对于裂隙的一个剖面，相邻两结点（测点）间的水头差之和应等于总水头差，通过每个结点的流量相同，并等于通过裂隙的总流量。由此可以导出一维情况下的水力隙宽计算式：

$$b_h^3 = L\left(\sum_{i=1}^{N-1} \frac{l_i}{b_i^3}\right)^{-1} \qquad (2-12)$$

式中　L——测量隙宽的长度；

$\qquad N$——测量隙宽的次数；

$\qquad l_i$——第 i 测点到第 $i+1$ 测点的长度；

$\qquad b_i$——第 i 个测点的隙宽值。

同时，很多学者提出了其他一些确定等效水力隙宽的方法，以下简要介绍几种：

$$b_h^3 = \frac{1}{\xi} b_{max}^3 \qquad (2-13)$$

式中　ξ——粗糙性修正系数；

$\qquad b_{max}$——最大隙宽值。

$$b_h^3 = \int_0^{b_{max}} b^3 n(b) \mathrm{d}b \text{(一维裂隙)} \quad \text{或} \quad b_h^3 = \frac{\int_0^{b_{max}} b^3 n(b) \mathrm{d}b}{\int_0^{b_{max}} n(b) \mathrm{d}b} \text{(二维裂隙)} \quad (2-14)$$

式中　$n(b)$——隙宽的分布函数；
　　　其他符号同上。

$$b_h^3 = \frac{\left(\dfrac{1}{W}\displaystyle\int_0^W b^3 \mathrm{d}y\right)^{\frac{1}{3}}}{\dfrac{1}{L}\displaystyle\int_0^L \dfrac{1}{b^2} \mathrm{d}x} \quad (2-15)$$

式中　W——裂隙面沿垂直水流方向的宽度；
　　　L——裂隙面沿平行水流方向的宽度。

$$b_h = \frac{1}{W \cdot L}\int_0^W b \mathrm{d}x \mathrm{d}y \quad (2-16)$$

$$b_h^3 = \frac{1-\omega}{1+\eta\omega} b_{max}^3 \quad (2-17)$$

式中　η——经验常数，介于 $0 \sim 1$；
　　　ω——隙面面积接触率。

Renshaw C E（1995）就近 20 年来对粗糙裂隙的等效水力开度与力学开度的关系的研究成果做了系统地对比和分析，当将裂隙的开度按对数正态分布考虑时，推得如下两式：

$$\frac{b_h}{b_m} = \exp\left(-\frac{\sigma_B^2}{2}\right) \quad (2-18)$$

$$\frac{b_h}{\sigma_b} = \frac{\exp\left(\dfrac{\sigma_B^2}{2}\right)}{\{\exp(\sigma_B^2)[\exp(\sigma_B^2) - 1]\}^{\frac{1}{2}}} \quad (2-19)$$

式中　σ_b——开度的标准差；
　　　σ_B——开度对数值的标准差。

由式（2-18）、式（2-19）可得

$$\frac{b_h}{b_m} = \left[\left(\frac{\sigma_b}{\sigma_B}\right)^2 + 1\right]^{-\frac{1}{2}} \quad (2-20)$$

以上是人们对粗糙裂隙等效水力隙宽进行的大量研究，根据各自对粗糙性的描述方法不同而得到了不同形式的近似经验公式，在选用这些公式时，既要考虑公式中所包含的粗糙性描述参数是否容易获得，也要对近似公式的合理性有所把握。

根据张有天的分析，水力隙宽的实用性差，水力隙宽只是一个等效概念，很难进行实际应用，所以需要采用其他特征隙宽代替。为此，人们提出了采用平均隙宽 $\bar{b}$ 或机械隙宽 b_m 作为主要隙宽变量进行研究。

2.3.3 平均隙宽和机械隙宽

根据分析，采用水力隙宽有两个问题：一是取原状裂隙试件很困难，而现场作压水试验，一般钻孔孔径很小，隙宽值受钻孔大小和位置的影响。二是即使求得 b，当裂隙产生变形（压缩或张开）后，新的 b 仍是未知的，因而无法在分析中考虑应力增量对岩体渗流的影响。另外，水力隙宽只是一个等效概念，很难进行实际应用，所以需要采用其他特征隙宽代替。为此，人们提出了采用平均隙宽 $\bar{b}$ 或机械隙宽 b_m 作为主要隙宽变量进行裂隙渗流分析的方法。

平均隙宽 $\bar{b}$ 是指各测点隙宽的平均值，即

$$\bar{b} = \frac{1}{N} \sum_{i=1}^{N} b_i \qquad (2-21)$$

式中　b_i——第 i 测点的隙宽值；

　　　N——测量隙宽的次数。

式（2-21）是每个测点隙宽的权重因子相同，当测点隙宽的权重因子不同时，可由下式确定平均隙宽：

$$\bar{b} = \frac{\sum_{i=1}^{N} x_i b_i}{\sum_{i=1}^{N} x_i} \qquad (2-22)$$

式中　x_i——第 i 测点和第 $i+1$ 测点间的水平距离。

实际上，测量间距 x_i 代表了测点隙宽的权重系数，式（2-22）中的 $\sum\limits_{i=1}^{N} x_i$ 实际上就是裂隙两端之间的直线距离。

机械隙宽 b_m 一般是指裂隙间的最大机械闭合量，即裂隙在受压情况下，达到完全闭合的位移量，给定具体裂隙后，两个隙宽值就容易获得。它一般用裂隙上下两隙面的中间或中间面之间的距离表示，特殊情况下也可以采用最大隙宽来表示，如用计算式表达，则为上下隙面平均高程差，可理解为视隙宽的算术平均值，即 $b_m = \frac{1}{N} \sum_{i=1}^{N} (h_{ui} - h_{di})$，其中 $(h_{ui} - h_{di})$ 为第 i 测点的视隙宽。机械隙宽是

研究裂隙受力情况下发生变形时提出的，又称力学隙宽。

2.3.4 水力隙宽、平均隙宽和机械隙宽的相互关系

采用平均隙宽 $\bar{b}$ 或机械隙宽 b_m 之后，如仍要应用立方定律，就必须对 $\bar{b}$、b_m 与 b_h 之间的关系进行研究。目前这方面的研究较多，式（2-23）~式（2-27）中 b_h 与 $\bar{b}$ 的关系具有较强的代表性。

Lomize 采用：

$$b_h^3 = \frac{\bar{b}^3}{1 + 6\left|\dfrac{\Delta}{\bar{b}}\right|^{\frac{3}{2}}} \tag{2-23}$$

Louis 采用：

$$b_h^3 = \frac{\bar{b}^3}{1 + 8.8\left|\dfrac{\Delta}{\bar{b}}\right|^{\frac{3}{2}}} \tag{2-24}$$

速宝玉等（1996）：

$$b_h^3 = \frac{\bar{b}^3}{1 + 1.2\left|\dfrac{\Delta}{\bar{b}}\right|^{-0.75}} \tag{2-25}$$

Iwai（1976）：

$$b_h^3 = \frac{1 - \omega}{1 + \eta\omega}\bar{b}^3 \tag{2-26}$$

Amadei 等采用：

$$b_h^3 = \frac{\bar{b}^3}{1 + 0.6\left|\dfrac{\Delta}{\bar{b}}\right|^{\frac{3}{2}}} \tag{2-27}$$

式中，Δ 为绝对粗糙度，Lomize 和 Louis 用下式表示：

$$\Delta = \frac{1}{N - 1}\sum_{i=1}^{N-1}|b_i - b_{i+1}| \tag{2-28}$$

式中　N——测定隙宽值的次数；

　　　b_i——第 i 测点的隙宽值。

对于一面光滑一面粗糙的裂隙，或者两个隙壁彼此对着弯曲不平的裂隙，Δ 采用下式计算：

$$\Delta = \frac{1}{N - 1}\sum_{i=1}^{N-1}\left|\frac{b_i - b_{i+1}}{2}\right| \tag{2-29}$$

2.3.5 当量裂隙宽度

前面已对水力隙宽、平均隙宽和机械隙宽在岩体裂隙隙宽分析中存在的不足进行了分析和总结，鉴于此，许光祥等在研究地下水渗流中提出一种可描述裂隙各种特征隙宽的新方法——宽配曲线和频率隙宽以及频率水力隙宽。这一表征方法只是在地下水渗流中应用，裂隙隙宽是影响岩体加固和堵水的很重要的因素。因此，频率水力隙宽在岩体加固和堵水理论中的应用将具有很高的实用价值。下面介绍基于频率水力隙宽的当量裂隙宽度的确定方法及其应用的实际意义。

裂隙宽配曲线是指隙宽累积频率曲线，由隙宽配比、级配组成，简称宽配曲线。绘制宽配曲线的方法和过程如下：

（1）获取统计样本：先进行裂隙隙宽测量，对测得的隙宽进行修正，获得隙宽的统计样本。

（2）隙宽分组：将所得隙宽的统计样本均匀地分成几组。

（3）分组频率统计：统计出每组隙宽所占总数的比例。

（4）累积频率统计：统计出小于或等于某隙宽所占的百分比，即累积频率。

（5）绘制宽配曲线：将 b_p 定义为小于或等于某个隙宽出现频率为 p 时的隙宽，称为频率隙宽，在宽配曲线中表现为相应于 p 的隙宽，例如 b_{85} 就表示小于或等于该值的隙宽出现频率为 85%，把 b_{50} 称为中值隙宽，它表示小于和大于它的隙宽值各占一半。

宽配曲线及频率隙宽的意义体现在以下几个方面：

（1）不仅可表示隙宽的大小分布，还可反映其均匀程度。曲线越平坦，表明隙宽分布越不均匀。

（2）可获得隙宽的多种特征值，即多种频率隙宽。

（3）可定量表示隙宽分布的均匀程度。

（4）可充分体现较小隙宽是控制化学材料选型的重要因素。

（5）可寻求替代水力隙宽 b_h 的特征值 b_{ph}（称为频率水力隙宽）。

使用水力隙宽的最大优点是因次和谐，使立方定律合理性更强，其缺点是基本不能进行实际应用。采用平均或机械隙宽的优点是隙宽值容易获得，其缺点是必须在立方定律前面加一修正系数或进行指数修正，修正系数随粗糙度和隙宽而变，修正指数必然使计算公式因次不和谐，合理性不强。在宽配曲线中寻求相应某一频率 p 的特征隙宽值 b_{ph} 与水力隙宽相应或相等，可弥补上述不足，因为隙宽发生变化后均可测定出相应频率 p 的隙宽值 b_{ph}，称之为频率水力隙宽，具有实际的应用价值。水力隙宽 b_h 或频率隙宽 b_p 必然小于机械隙宽 b_m，即 $b_p < b_m$，对于某一具体裂隙，当已知水力隙宽 b_h 后，可在绘制的宽配曲线中找出其相应

这个值的频率 p 的隙宽特征值 b_p。如当裂隙在外力作用下，隙宽发生了变化，仍可用与该频率 p 相应的已经变化了的隙宽值。

因此，频率水力隙宽的估算首先根据求解隙宽和粗糙度的公式求出裂隙的几何参数，如机械隙宽、平均隙宽和各种粗糙度值，然后根据不同学者确定的水力隙宽的方法计算出相应的水力隙宽 b_h。获得 b_h 值后，再从宽配曲线中找出 b_h 相应的频率，即可获得频率水力隙宽 b_{ph}。根据许光祥等的证明，频率水力隙宽一般出现在中值隙宽附近，即 b_{50}。此后又经过计算机模拟，频率水力隙宽可取 b_{48}。根据岩体化学加固和堵水的要求，当量隙宽 w 就可以采用频率水力隙宽 b_{48} 进行计算，即 $w = b_{48}$。

2.4 基于当量裂隙度概念的强度分析

2.4.1 单裂隙岩体强度理论

Jeager 首先发展了单弱面理论，提出了第一个全面的基于 Mohr-Coulomb 准则的节理岩石强度模型，为研究节理对岩体强度的影响奠定了基础。它利用两个 Mohr-Coulomb 公式来分别描述沿节理面和完整岩石的剪切破坏，认为岩体的强度不是一个单一值，而是一个具有上限和下限的值域，其上限为完整岩石破坏时的强度，下限为沿节理面破坏时的强度。对只含单裂隙结构面的裂隙岩体的强度，其破坏特征是受结构面的方位控制的。当结构面处于某种方位时，在某些应力的作用下，破坏并不沿结构面发生，而是穿切结构面仍在岩石内部产生。裂隙岩体的破坏模式和强度随着加载方向与结构面二者间的夹角的大小而有所差异。

假设在如图 2-6 所示的岩石中含有一长度为 $2a$ 的裂隙，裂隙的长轴方向与

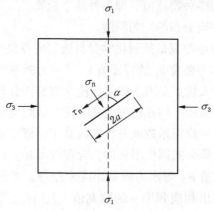

图 2-6 单裂隙受力分析示意图

最大主应力 σ_1 之间的夹角为 α，在最大主应力和最小主应力的共同作用下，则裂隙面所受的正应力 σ_n 和剪应力 τ_n 分别为

$$\begin{cases} \sigma_n = \dfrac{\sigma_1 + \sigma_3}{2} - \dfrac{\sigma_1 - \sigma_3}{2}\cos2\alpha \\ \tau_n = \dfrac{\sigma_1 - \sigma_3}{2}\sin2\alpha \end{cases} \quad (2-30)$$

如果节理岩体中的节理面满足库仑剪切强度理论，则其强度条件表达式为

$$\tau_n = c_j + \sigma_n\tan\varphi_j \quad (2-31)$$

由莫尔应力圆理论与裂隙面强度的库仑剪切准则可得到沿节理面产生剪切破坏的条件，将式（2-30）代入式（2-31）整理后得出：

$$\sigma_{1,\,j} = \sigma_3 + \frac{2(c_j + \sigma_3 f_j)}{(1 - f_j\cot\beta)\,\sin2\beta} \quad (2-32)$$

式中　c_j——结构面的黏结力；

　　　φ_j——结构面的内摩擦角。

式（2-32）表明，当作用在岩体上的主应力值满足本方程时，结构面上的应力处于极限平衡状态。式（2-32）对 β 求导，并令一阶导数为 0，得

$$\frac{d(\sigma_1 - \sigma_3)}{d\beta} = \frac{-2(c_j + \sigma_3 f_j)(2\cos2\beta + 4f_j\cos\beta\sin\beta)}{(\sin2\beta - 2f_j\cot^2\beta)^2} = 0 \quad (2-33)$$

从而可求得单裂隙岩体最小强度值对应的裂隙倾角 β 为

$$\beta = \frac{\pi}{4} + \frac{\varphi_j}{2} \quad (2-34)$$

将式（2-34）代入式（2-32），可得三轴作用下的最小破坏强度值：

$$\sigma_{1,\,min} = \sigma_3 + \frac{2(c_j + \sigma_3 f_j)}{\sqrt{1 + f_j^2} - f_j} \quad (2-35)$$

将式（2-35）化简成单轴作用（$\sigma_3 = 0$）的形式为

$$\sigma_{1,\,min} = \frac{2C_j}{\sqrt{1 + f_j^2} - f_j} \quad (2-36)$$

分析发现式（2-36）在表达上存在一定的不足之处，比如当存在无黏结力且粗糙不平、相互咬合很好的台阶状裂隙面时，应用式（2-36）得到的单轴强度值却为 0，这显然与实际情况不符。拟通过对图 2-7 所示裂隙台阶受力分析，对式（2-36）进行了扩展，得

$$\begin{cases} \sigma_1\sin\beta = C_0 + \sigma_n\tan\varphi_0 \\ \sigma_1\cos\beta = \sigma_n \end{cases} \quad (2-37)$$

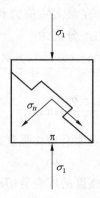

图 2-7 单轴作用下台阶状裂隙面受力示意图

联立式（2-37）求解，并将式（2-35）代入得

$$\sigma_{1,\,max} = \frac{C_0}{\sin\left(\dfrac{\pi}{4} + \dfrac{\varphi_j}{2}\right) - \cos\left(\dfrac{\pi}{4} + \dfrac{\varphi_j}{2}\right)\tan\varphi_0}$$ (2-38)

式（2-38）表示的是在单轴压缩状态下沿最不利节理面发生破坏时的最大轴向强度。

如果节理岩体中的岩石满足库仑剪切强度理论，则其强度条件表达式为

$$\tau_0 = c_0 + \sigma\tan\varphi_0$$ (2-39)

沿完整岩石产生剪切破坏的条件：

$$\sigma_{1,\,0} = \sigma_3 + \frac{2(c_0 + \sigma_3 f_0)}{(1 - f_0\cot\beta)\sin2\beta}$$ (2-40)

当岩体不沿结构面破坏，而沿岩石的某一方向破坏时，岩体的强度就等于岩石或岩块的强度，此时其破坏面法线方向与最大主应力的夹角为

$$\beta = \frac{\pi}{4} + \frac{\varphi_0}{2}$$ (2-41)

式中 c_0——结构面的黏结力；

φ_0——结构面的内摩擦角，$\tan\varphi_0 = f_0$。

将 β 值代入式（2-40）得

$$\sigma_{1,\,0} = 2c_0\tan\left(\frac{\pi}{4} + \frac{\varphi_0}{2}\right) + \sigma_3\tan^2\left(\frac{\pi}{4} + \frac{\varphi_0}{2}\right)$$ (2-42)

根据试件受力状态（σ_1，σ_3）可绘出应力莫尔圆，应力莫尔圆的某一点代表试件上某一方向一个截面的受力状态。如果岩体在某一时刻的应力圆与裂隙岩体强度包络线 ROP 在 P 点相交，而 P 点恰好是裂隙面的应力状态点（$\beta = \beta_1$），

可知该岩体裂隙面将处于极限应力平衡状态，岩体将沿裂隙面发生破坏。如果裂隙岩体在同样的应力状态下（σ_1，σ_3），即裂隙岩体的莫尔应力圆保持不变，裂隙面的倾角 β 越小，则表示节理面上应力状态的点将位于裂隙岩体强度包络线之下，并且也可知裂隙面上的正应力和剪应力不满足裂隙强度条件，所以裂隙岩体在这种情况下不会沿裂隙面发生破坏。相反，如果裂隙面倾角 β 增大，则表示裂隙面上应力状态的点位于裂隙岩体强度包络线之上，此时裂隙面上的剪应力将大于裂隙的抗剪强度，裂隙岩体沿裂隙面加速破坏，如果裂隙面倾角 β 继续增大，并大于 β_2，裂隙面应力状态点又将位于裂隙岩体强度的包络曲线之下，岩体就不再沿裂隙面发生破坏。

通过上述分析可知，当裂隙岩体在受力状态（σ_1，σ_3）下，单裂隙岩体沿裂隙面发生破坏的条件是：

$$\beta_1 \leq \beta \leq \beta_2 \tag{2-43}$$

当 $\beta < \beta_1$ 或者 $\beta > \beta_2$ 时，单裂隙岩体将不会沿裂隙面发生破坏。β_1、β_2 的值可以通过图 2-8 所示的几何三角函数关系得到。

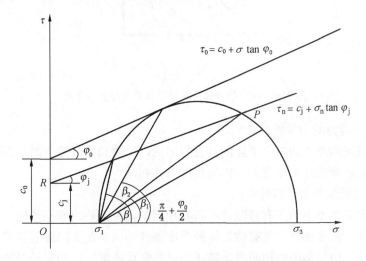

图 2-8　单裂隙岩体在受力状态下的几何三角函数关系

$$\beta_1 = \frac{\varphi_j}{2} + \frac{1}{2}\arcsin\left[\frac{(\sigma_1 + \sigma_3 + 2c_j\cot\varphi_j)\sin\varphi_j}{\sigma_1 - \sigma_3}\right] \tag{2-44}$$

$$\beta_2 = \frac{\pi}{2} - \frac{1}{2}\arcsin\left[\frac{(\sigma_1 + \sigma_3 + 2c_j\cot\varphi_j)\sin\varphi_j}{\sigma_1 - \sigma_3}\right] + \frac{\varphi_j}{2} \tag{2-45}$$

裂隙的存在使岩体强度在一定范围内削弱。对于当量裂隙度较小的裂隙岩体，由于岩桥强度的贡献又增加了裂隙岩体的强度，所以裂隙岩体的总体强度介于含贯通裂隙岩体和理想完整岩体之间。据刘东燕研究发现，在相同条件下，断续裂隙岩体的强度主要是在黏聚力一项有明显提高，并且这一增量也是随裂隙倾角变化而发生变化。

2.4.2　平行裂隙岩体强度理论

平行裂隙岩体是指岩体中含有相同裂隙面倾角的多裂隙面，如图2-9所示。通常认为单组裂隙岩体在单向或三向应力的作用下，其岩体强度条件需分两种情形考虑：

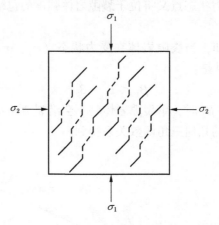

图2-9　一组平行的多裂隙岩体受力分析示意图

1. 各节理面的力学特性相同

当单组裂隙面中的单个裂隙面具有相同的内聚力和内摩擦角时，即认为单组裂隙岩体的强度条件与单裂隙岩体的强度条件相同。

2. 各节理面的力学特性不同

当单组裂隙面中的所有裂隙并不具有相同的内聚力和内摩擦角时，即认为单组裂隙岩体的强度条件与单裂隙岩体的强度条件不同。此类问题的强度研究需要弄清楚岩体的破坏是沿结构面发生破坏还是在岩块内破坏，如果沿结构面发生破坏，需要研究最终是沿哪一个裂隙面发生破坏的。具体分析方法为：首先确定出不同裂隙沿结构面发生滑动的裂隙面倾角条件，即 $[\beta_1, \beta_2]$ 区间；其次根据裂隙面倾角 β 与不同 $[\beta_1, \beta_2]$ 的区间大小来判断裂隙岩体的具体破坏方式。此时如果裂隙岩体沿裂隙面发生破坏，则其应力状态 (σ_1, σ_3) 必须满足相应裂隙的强度表达式：

$$\sigma_1 = \sigma_3 + \frac{2(c_j + \sigma_3 f_j)}{(1 - f_j \cot\beta) \sin 2\beta} \tag{2-46}$$

目前，基于 Mohr-Coulomb 强度准则的含单一裂隙面的岩体强度特征描述及确定方法已比较成熟，然而对含单组裂隙的层状或似层状裂隙岩体强度的相关研究还不多，理论研究多是在许多假设的基础上建立理想化模型，最后归结为 Jeager 的单一弱面理论。

关于裂隙面倾角的力学效应，Bles J L 应用页岩的室内试验对含一组结构面岩体的力学效应进行了详细的研究，因为岩体内的裂隙面（实际上是层理面）产状不同，所以岩体力学性质具有强烈的方向性。具体表现为，单裂隙页岩强度随着裂隙面产状而变化，曲线总体呈两高一低形态，强度的最低点出现在裂隙面倾角 β 为 60°（伏角 θ 为 30°）左右。试验结果表明，有的岩块沿裂隙面破裂，有的不沿裂隙面破坏，它与裂隙面产状密切相关。岩体强度受加载方向与裂隙面夹角的控制，如果是层状岩体或有一组较发育的软弱层面岩体，当最大主应力与弱面相垂直时，岩体强度与弱面的关系不大，此时岩体强度基本上就是岩石的强度，当弱面的倾角介于最大与最小之间时，岩体将沿弱面破坏，此时岩体强度就是弱面的强度。当最大主应力与弱面相平行时，岩体将沿弱面产生横向扩张破坏，此时，岩体的强度将介于前述两种情况之间。裂隙面产状对灾害岩石力学的作用表现在两个方面：一是控制裂隙岩体的破坏机制；二是影响裂隙岩体的变形和强度特征。

鲜学福（1989）首先对水平及倾斜层状岩体按有、无层间黏结力两种情况从理论上进行了强度特征分析，认为不同岩性层间的摩擦约束作用会改变交界面处的应力状态，从而解释了层状岩体的不同寻常的强度特征。宋建波（2001）假定穿切节理层面的破坏遵循 Hoek-Brown 准则，沿节理层面的破坏满足 Mohr-Coulomb 准则，给出了层状岩体的强度预测方法。

针对现阶段对含单组裂隙的层状及似层状裂隙岩体的取样及试验等相关研究存在的困难，单纯从理论方面研究短时间内不会有更大的突破，采用合适的数值计算方法进行数值建模与试验应该是一种好的选择。

2.4.3 两组及多组裂隙岩体强度理论分析

当岩体中具有两组或多组相交裂隙时，其岩体的强度条件较之单组裂隙岩体要复杂得多。一般地，当岩体含有两组或两组以上的裂隙面时，岩体强度的理论确定方法是分步运用单组裂隙面理论，根据最弱环节理论确定出裂隙岩体最终是在岩石中破坏还是沿哪组裂隙面发生破坏。Hoek 与 Brown 曾建议当岩体中含有几组裂隙面时，其力学效应可从单个裂隙面力学效应引申求解，岩体的强度可根据叠加后取低值的方法进行确定，即任一方向上岩体的强度均由所有裂隙面和岩石强度中最小一方的值所确定。例如，当岩体中存在有两组裂隙面时，分别模仿应用前述单裂隙分析方法，最终应用叠加原理就可以推出含有两组裂隙面岩体的强度与裂隙倾角之间的关系。现以含两组裂隙岩体的一种简单情况为例来说明具体的分析方法：

第一组裂隙的倾角为 β'，第二组裂隙的倾角为 β''，两组节理的黏聚力与内摩擦角相同。首先利用式（2-44）与式（2-45）确定出节理的 $[\beta_1，\beta_2]$ 区间，然后根据裂隙面的倾角是否位于这个区间内来判断裂隙岩体是沿这两组节理中的一组破坏还是切穿岩石破坏。如果 β' 位于 $[\beta_1，\beta_2]$ 区间，则节理岩体的强度取决于第一组裂隙的强度；如果 β'' 在 $[\beta_1，\beta_2]$ 区间，则裂隙岩体的强度取决于第二组裂隙的强度；如果 β' 与 β'' 均在 $[\beta_1，\beta_2]$ 区间，则需进一步将两组裂隙的倾角及力学参数代入式（2-32）进行判断确定；如果 β' 与 β'' 均不在 $[\beta_1，\beta_2]$ 区间，则可知裂隙岩体的破坏与裂隙面无关，裂隙岩体的强度取决于岩石块体的强度。

以上分析了含两组节理岩体的一种特殊情况，对其他的当量裂隙度较大的岩体的强度可按类似的方法进行分析，从而确定出该裂隙岩体的强度。然而，在评价或具体确定裂隙岩体强度时，叠加法对实际情况作了很大的简化和假设，故其准确性与可靠性均受到了一定的质疑。由于裂隙组间的相互作用，所以通过叠加作用去评定数个裂隙组对岩体的强度影响是不正确的。因其在具体确定岩体强度力学特征时，其对实际情况作了很大的简化。如果岩体中存在有两组以上的裂隙，问题会变得比较复杂，原因之一是两组裂隙相交处的滑移会改变原来裂隙的连续性，从而改变一组或两组裂隙的抗剪能力。这种几何上的变化改变了岩体的强度特性。

2.5 工程案例

2.5.1 内蒙古福城矿业有限公司麻黄煤矿地质条件

内蒙古福城矿业有限公司麻黄煤矿位于宁夏回族自治区银川市东南 35 km，矿区大地构造位于华北地台（Ⅰ）华北地块（Ⅱ）鄂尔多斯西缘坳陷（Ⅲ）。主体构造线呈南北向展布。主要构造走向近南北，且受三道沟背斜及丁家梁背斜控制；褶曲不对称，背斜西翼陡，东翼缓，向斜反之；褶曲面向东倾，倾角 70° ~ 85°；褶曲不完整，背斜西翼均逆冲于向斜东翼之上；断层面倾向东；褶曲在走向上有波状起伏。区内主要由沙沟向斜、丁家梁背斜、马莲台向斜、苦草凹背斜等组成轴向近南北向的复式褶皱，并被断层破坏复杂化。矿区有两组三条断层将矿区与相邻矿区分割：一是南部边界 DF4 正断层，走向北西西向，北北东倾，倾角 75°，断距在 100 m 左右。由钻孔 2101 及 2102 给予控制，此断层为左旋压扭及平推性断层。二是矿区西部的 DF3 断层及矿区东部的 DF6 断层，两断层均为二维地震确定的断层，走向近南北，倾向东，倾角 65°，均为逆断层。DF3 在煤层露头外，DF6 在本矿区的区外深部，均没有工程点给予控制。矿区主要含水层由新至老分别为：第四系孔隙潜水；第三系碎屑岩孔隙承压水；白垩系碎屑岩孔隙承压水；二叠系-石炭系含煤地层碎屑岩孔隙、裂隙承压水；奥陶系石灰岩岩溶水。

　　该煤矿的副斜井-750~-890 m 属于水量和水压较大的涌水区，其主要岩层为黏土岩、细粗粒砂岩、胶结高岭土、泥岩、砂质泥岩、细粉砂岩、煤1、煤2、中细粒砂岩、砂质泥岩，主要含水层为二叠系-石炭系含煤地层碎屑岩孔隙裂隙承压水。但围岩整体完整性较差，工程区域内节理裂隙发育，围岩较破碎。围岩损坏情况如图 2-10 所示。

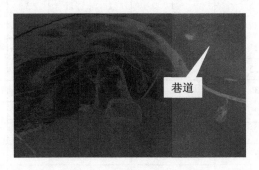

图 2-10　工程区域围岩破坏情况

2.5.2　圆形窗口法对工程区域围岩节理统计分析

　　结合前文以及现场采集工作开展情况，对工程区域围岩节理进行逐一精细地采集编录，以现场拍摄的数码照片作为校核，按 1：1 的比例在 CAD 上重绘工程区域围岩节理分布图。在重绘后的工程区域上布设与围岩底部相切的圆形统计窗口，如图 2-11 所示。在工程区域围岩节理统计时，分别采用半径为 2 m、2.5 m

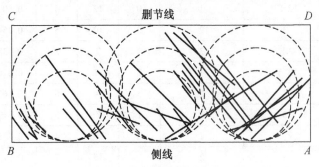

图 2-11　露头裂隙和布设相切圆位置

和 3 m 的窗口对节理进行统计分析，估算节理的平均迹长及迹线端点密度。对工程区域围岩节理统计后的计算结果见表 2-1。

表 2-1 工程区域围岩节理迹长及端点密度估算结果

标高/m	窗口半径/m	窗口编号	各类迹线条数/条			迹线中点密度/m^{-2}	平均迹长估计值/m
			N_0	N_1	N_2		
-750	2.5	1	2	9	2	0.331	3.93
	3	2	2	13	4	0.371	3.82
	2	3	3	8	1	0.399	4.40
-765	2.5	1	1	11	3	0.433	3.00
	3	2	1	7	2	0.583	3.85
	2	3	3	10	0	0.397	4.40
-780	2.5	1	1	6	3	0.306	1.67
	3	2	4	10	4	0.318	4.71
	2	3	0	9	1	0.438	2.83
-795	2.5	1	1	13	3	0.484	3.00
	3	2	1	16	4	0.424	3.53
	2	3	3	8	2	0.477	3.67
-810	2.5	1	2	11	2	0.438	5.35
	3	2	3	14	4	0.382	4.28
	2	3	2	8	2	0.477	3.14
-820	2.5	1	1	14	4	0.560	2.86
	3	2	1	17	7	0.548	2.89
	2	3	0	11	1	0.517	2.66
-835	2.5	1	0	12	4	0.509	2.37
	3	2	0	10	5	0.354	2.37
	2	3	2	7	2	0.438	3.14
-850	2.5	1	2	11	3	0.676	3.27
	3	2	3	14	6	0.662	3.65
	2	3	1	7	3	0.517	2.53
-665	2.5	1	0	10	4	0.458	2.18
	3	2	0	15	7	0.513	2.44
	2	3	2	9	2	0.517	3.14

表2-1（续）

标高/m	窗口半径/m	窗口编号	各类迹线条数/条			迹线中点密度/m^{-2}	平均迹长估计值/m
			N_0	N_1	N_2		
-890	2.5	1	2	14	7	0.713	3.82
	3	2	1	17	5	0.477	3.68
平均值						0.473	3.33

从对该工程区域围岩裂隙统计的结果来看，主井筒-750~-890 m 范围内的裂隙中点密度在 0.33~0.71 m^{-2} 之间，采集区域内的裂隙迹线中点密度平均值为 0.473 m^{-2}；节理的平均迹长在 1.67~5.35 m 区域范围内分布，其整体平均值为 3.33 m。

第3章 裂隙岩体化学快速加固和 堵水质量分级方法

3.1 概述

目前国际上应用较多、影响较大的岩体质量评价方法有 RMR、Q、GSI、RMi 等，其分类目的、采用参数、表达形式等见表 3-1。

表 3-1 主要工程岩体分类方法

分类方法	创立者	分类目的	采用参数	表达式
RMR	Bieniawski (1973)	评价坚硬节理岩体浅埋隧道工程中岩体的质量和强度	UCS、RQD、节理间距、节理组数、节理状况、节理方位、节理尺寸及连续性、地下水	按照岩体地质力学分类表的标准评分，求和得总分 RMR 值，然后对总分作适当的修正
Q	Barton (1974)	评价隧道开挖质量	RQD、节理间距、节理组数、节理状况、地下水、地应力	$Q = \dfrac{RQD}{J_n} \cdot \dfrac{J_r}{J_a} \cdot \dfrac{J_w}{SRF}$
GSI	Hoek 等 (1994)	评价工程岩体的质量和强度	节理间距、节理组数、节理状况	$GSI\ (SR, SCR)$
RMi	Palmstrom (1996)	岩体强度预测、地下硐室支护	节理间距、节理状况、节理尺寸及连续性	$RMi = \sigma_{ci} \cdot JP$ $JP = 0.2 \sqrt{J_c} \cdot V_b^{0.3 J_c^{-0.2}}$ $J_c = J_L \cdot \left(\dfrac{J_r}{J_a} \right)$

可以看出，RMR、Q、GSI、RMi 等分类方法都是对工程岩体的质量进行评价，评价目的性不强，其次这些分类方法采用的参数中均没有考虑动压的影响。所以，这些分类方法均不适用于针对化学加固和堵水的裂隙岩体质量评价，亟须建立新的评价体系。

本章提出了一种针对化学加固和堵水的岩体质量评价体系（Rock Masses Classification for Consolidation and Water Stopping，简称 RCS），系统阐述针对化学

快速加固和堵水的裂隙岩体质量评价体系的建立步骤，即：以裂隙岩体结构的快速描述为基本手段，裂隙岩体化学快速加固和堵水评价指标和参数体系的建立是基础，裂隙岩体质量评价方法为核心，为岩体化学快速加固和堵水材料优选系统的研究奠定理论基础。

3.2 RCS 的意义与参数确定

岩体质量评价结果的合理性在很大程度上取决于评价指标的可靠性和准确性，评价指标应充分反映靶区岩体基本属性。影响岩体状态的因素很多，如物理力学性质、构造发育情况、承受的荷载、应力变形状态、几何边界条件、水的赋存状态等，包含大量定性数据和定量数据，如何从大量的影响因素中提取评价指标，并采用一定的方法将岩体特性的描述经过数量化过程转化为评价所需的定量化数据。

本章在裂隙岩体质量影响因素定性分析的基础上选择评价指标，通过相互作用关系矩阵研究评价指标权重，建立裂隙岩体质量评价体系。裂隙岩体质量评价指标体系应满足以下原则：

（1）系统性原则。裂隙岩体评价是一项系统工程，影响因素多而复杂，其中既有定性因素也有定量因素，各个方面的影响因素相互联系、相互影响，它们构成一个有机整体。因此在建立裂隙岩体评价指标时需要把裂隙岩体作为一个系统进行分析，使评价指标体系具有系统性和概括性。具体来讲，评价指标体系应具有足够的涵盖面；各个指标间具有一定的内在联系，又相互区别，相互制约，能反映各个影响因素的作用。

（2）代表性原则。选择评价指标时应抓住问题的实质，即抓住主要矛盾。

（3）层次性原则。影响裂隙岩体质量的因素众多，有原岩强度、岩体结构、水文地质条件等基本地质条件，也有采动、降雨等影响因素。评价指标体系应层次清晰，结构合理，反映裂隙岩体的内在地质条件和影响因素。

（4）可操作性原则。评价体系应简洁明了，方便评价指标的收集。

3.2.1 RCS 的意义

RCS 主要是以岩体中的裂隙引起岩石强度降低为基础从而表征岩体特性，采用的参数对裂隙岩体工程治理有重大影响，为裂隙岩体治理而提出的新的岩体分类方法。

RCS 的技术路线如图 3-1 所示。其中阴影区域则主要是采用了有关文献的成熟结论，其他区域是本书重点研究的内容。首先，采用单轴抗压和当量裂隙度来表征岩体强度和岩体裂隙情况，这两个完全定量化的指标描述了岩体的基本属性。然后，针对不同的工程目的即加固和堵水（本书把以加固为目的的工程靶区称为加固体，把以堵水为目的的工程靶区称为堵水体）进行加固体和堵水体岩体特征的详细描述，并对采用指标进行数量化分析。最后，对描述加固体和堵水体的关键性指标进行精细化描述。

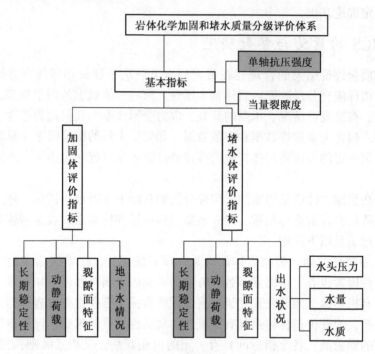

图 3-1　裂隙岩体质量分级评价体系

3.2.2　确定单轴抗压强度参数的方法

N. Krauland 等的研究结论表明，通常对由坚硬岩石组成的岩体，其体积的改变至少能引起岩体强度 10 倍以上的变化。针对岩体的尺寸效应，1939 年，Weibull 采用最弱键概念分析和描述强度尺寸效应现象，提出著名的 Weibull 尺寸效应法则，建立了分析尺寸效应的统计理论，认为材料尺寸效应主要是由于材料强度的随机分布引起的，由于岩体强度的随机性，致使遇到某个强度低的材料单元的概率随结构尺寸的增大而增大。材料性质的尺寸效应自 Weibull 法则问世以来，强度与尺寸间的关系历经多次修改，1971 年，Brown 在原先基础上又修正了Weibull 法则，为

$$\frac{\sigma_1 - \sigma_2}{\sigma_2 - \sigma_n} = \left(\frac{V_2}{V_1}\right)^{\frac{1}{m}} \tag{3-1}$$

式中　σ_1——试件体积为 V_1 时对应的强度，MPa；

σ_2——试件体积为 V_2 时对应的强度，MPa；

σ_n——材料的最低强度，MPa；

m——指数。

Brown 修正的材料尺寸效应法则建立了两个不同大小的试件的强度与体积的对应关系，从某种程度上讲，它揭示出材料强度尺寸效应的基本规律，为后续岩石尺寸效应的研究奠定了基础。

Hoek、Brown（1980）与 Wagner（1987）分别在大量无节理完整岩石试验数据分析的基础上，给出了下面两个经验公式：

$$\sigma_{ci} = \sigma_{c50} \left(\frac{50}{D}\right)^{0.18} \tag{3-2}$$

$$\sigma_{ci} = \sigma_{c50} \left(\frac{50}{D}\right)^{0.22} \tag{3-3}$$

式中 σ_{c50}——$\phi50$ mm 试件的单轴抗压强度，MPa；

D——实际试件的等效直径，mm。

Barton（1990）在 Hoek、Brown 与 Wagner 完整岩石尺寸效应公式的基础上，提出了改进的大尺度完整岩石的强度折减方法，具体做法是将 Hoek、Brown 与 Wagner 所提出经验公式中的岩石强度 σ_{ci} 项用下式替换：

$$\sigma_{ci} = \sigma_{c50} \left(\frac{50}{D}\right)^{0.2} \tag{3-4}$$

式中参数意义同上。

本评价系统中岩体单轴抗压强度 σ_c 采用 Barton 强度折减方法，即

$$\sigma_c = \sigma_{ci} = \sigma_{c50} \left(\frac{0.05}{D}\right)^{0.2} = \sigma_{c50} f_\sigma \tag{3-5}$$

式中 σ_c——岩体单轴抗压强度，MPa；

σ_{c50}——$\phi50$ mm 试件的单轴抗压强度，MPa；

D——块体直径，m；

f_σ——抗压强度的尺寸影响系数。

式（3-5）的有效应用范围，由图 3-2 可知，对岩样直径来说可达数米。

通过 $\phi50$ mm 试件的单轴抗压强度，采用强度折减方法评价工程区域内岩体的强度，比直接采用 $\phi50$ mm 试件的单轴抗压强度更具合理性，本评价体系的单轴抗压强度采用该计算方法。

3.2.3　当量裂隙度的确定方法

在工程实践中，沿 3 个相互垂直方向测线上进行裂隙情况的调查是很困难的。因此，一般情况下，假设岩体为各向同性，则岩体的当量裂隙度 I 可表示为

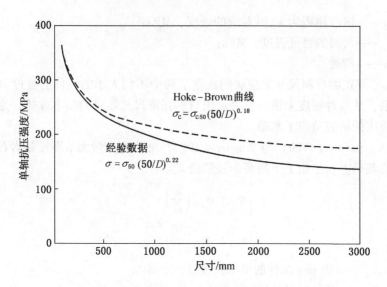

图 3-2　单轴抗压强度的尺寸效应影响（Barton, 1990）

$$I = (\rho_x s_x) \cdot (\rho_y s_y) \cdot (\rho_z s_z) \tag{3-6}$$

式中　ρ_x——x 轴方向裂隙中点的面密度；

　　　s_x——x 轴方向裂隙平均面积；

　　　ρ_y——y 轴方向裂隙中点的面密度；

　　　s_y——y 轴方向裂隙平均面积；

　　　ρ_z——z 轴方向裂隙中点的面密度；

　　　s_z——z 轴方向裂隙平均面积。

　　但是，由于该公式是在假设岩体各向同性的基础上推导出来的，导致其在工程实践中的应用受到限制。

　　在裂隙中点的面密度、平均迹长、裂隙隙宽计算的基础上，岩体当量裂隙度（I）的计算式表达如下：

$$I = k \cdot \rho \cdot l \cdot w$$

$$\rho = \frac{N - N_0 + N_2}{2\pi r^2}$$

$$l = \frac{\pi r(N + N_0 - N_2)}{2(N - N_0 + N_2)} \tag{3-7}$$

$$w = b_{48}$$

式中　k——相关性系数见表 3-2；

　　　N_0——贯穿型裂隙期望条数；

N_1——相交型裂隙期望条数；

N_2——包含型裂隙期望条数；

ρ——裂隙中点的面密度；

r——取样窗口的半径，m；

l——裂隙迹线长度；

w——当量裂隙隙宽；

b_{48}——小于和等于频率48%的隙宽值。

表3-2　岩体裂隙中点的面密度与相关性系数关系

裂隙中点的面密度 ρ	<3	3~10	10~20	20~35	>35
相关性系数 k	1	2.5	5	7.5	10

3.2.4　地下水

地下水作为岩体赋存环境因素之一，影响着岩体的变形和破坏，以及岩体工程的稳定性，它与岩体的相互作用，一方面改变着岩体的物理、化学及力学性质，另一方面也改变着地下水自身的物理、力学性质及化学组分。在进行裂隙岩体高分子材料快速加固和堵水治理时，是首要考虑的因素。

对于加固体来说，水的状况可分为有水和无水，有水记作"W"，无水记作"D"。

对于堵水体来说，根据水量、水压分为淋水、冒水、涌水、突水四类，分别记为"L""M""Y""T"，见表3-3。

表3-3　堵水体出水状态分类

出水状态	水压/MPa	水量/(L·h^{-1}·m^{-1})	岩性及地质条件
淋水（L）	水压很小，几乎为零	<3	完整结构，愈合后的碎裂结构中，孔隙水，层状孔隙水
冒水（M）	<0.5	3~5	完整、块状、碎裂结构中，裂隙水，层状裂隙水
涌水（Y）	0.5~1.0	5~10	块状、碎裂结构中，裂隙水，层状裂隙水，承压水
突水（T）	>1.0	<10	承压水

基于化学材料注浆，将地下水水质分为酸性和碱性，酸性记为"H"，碱性记为"N"。

3.2.5 长期稳定性

长期稳定性指工程区域内岩体经过加固或堵水后，期望岩体适应工程要求的时间。

不同的裂隙岩体工程，在选择高分子化学材料治理时，基于性能最优、经济合理、安全可靠、环境许可的原则，选择适宜的加固和堵水材料，根据加固和堵水后岩体的长期稳定性，将加固和堵水体分为暂时、短期、一般、长期、永久稳定性，分别记为 "Z" "S" "G" "L" "Y"。具体分类见表3-4。

表3-4 加固和堵水体分类

分类	暂时（Z）	短期（S）	一般（G）	长期（L）	永久（Y）
稳定时间/年	<0.5	0.5~1	1~3	3~5	>5

3.2.6 裂隙面状况

参照岩体质量分级 RMR、Q、GSI、RMi 系统中结构面特征评分标准，结构面评价的取值也主要考虑结构面的粗糙度（R_r）、风化程度（R_w）、充填物（R_f）。采用 Sonmez（1999）提出的新的计算方法，将结构面粗糙度分为很粗糙、粗糙、较粗糙、光滑、镜面擦痕，将结构面分化程度分为未分化、微分化、弱分化、强分化、全分化，将结构面充填物状况分为无、硬质充填厚度<5 mm、硬质充填厚度>5 mm、软质充填厚度<5 mm、软质充填厚度>5 mm。

3.3 RCS 评价体系中各参数评分标准及评分值

建立岩体质量分级评价体系的目的是为了能在工程设计和施工中区分出岩体质量的好坏和表现在稳定性上的差别，作为选择工程结构参数、科学管理生产以及评价经济效益的依据之一。岩体工程的设计需要定量化的方法，为此必须对岩体的定性的描述采用合适的标准评分。

3.3.1 单轴抗压强度

通过 φ50 mm 试件的单轴抗压强度，采用强度折减方法评价裂隙岩体工程区域内岩体的强度，采用由南非科学和工业研究委员会提出的 RMR 分类方法中的对单轴抗压强度的评分结果。见表3-5。

表3-5 单轴抗压强度评分标准及评分值

单轴抗压强度/MPa	>250	100~250	50~100	25~50	5~25	1~5	<1
评分值	20	15	10	7	5	2	0

3.3.2 当量裂隙度

岩体的当量裂隙度 I，是表征单位体积岩体被结构面切割程度的状态量，是指岩体中相互连通的有效裂隙的总体积 V_F 与工程区域内岩体总体积 V_R 之比。它是表征岩体破碎程度和岩体强度的核心参数。一般地，当量裂隙度值大于 40%时，岩体结构就相当破碎，定其评分值为"0"，当量裂隙度值小于 0.01 时认为岩体结构为整体结构，定其评分值为 30，其他采用插值方法，评分结果见表 3-6。

表3-6 当量裂隙度评分标准和评分值

当量裂隙度	<0.01	0.01~0.05	0.05~0.1	0.1~0.2	0.2~0.3	0.3~0.4	>0.4
评分值	30	25	20	15	10	5	0

3.3.3 地下水状况

对于加固体来说，地下水情况只需考虑有水和无水，所以规定裂隙岩体工程区域有水时评分值为"0"，无水时评分值为"1"。

对于堵水体来说，按出水状况进行评分，评分结果见表 3-7。

表3-7 堵水体出水状况评分标准和评分值

出水状况	淋水（L）	冒水（M）	涌水（Y）	突水（T）
评分值	12	9	5	0

3.3.4 动静载荷状况

在采用化学材料进行岩体加固和堵水时，要充分考虑岩体所处的应力环境，选择适宜的材料，以免造成二次灾害。当岩体所处的应力环境为动载荷时，所选材料胶结后应该是塑性的。动静载荷评分值见表 3-8。

表3-8 动静载荷状况及评分值

载荷状况	动载荷	静载荷
评分值	0	10

3.3.5 工程期望稳定时间

长期稳定性指根据裂隙岩体工程实践目的，期望达到的符合工程目的的岩体安全周期。岩体长期稳定性并非越长越好，它是由工程目的决定的，但是为了方便问题的研究，仍按工程期望稳定时间的长短进行评分，评分标准和评分值见表 3-9。

表3-9 裂隙岩体工程期望稳定时间评分标准和评分值

稳定性分类	暂时 (Z)	短期 (S)	一般 (G)	长期 (L)	永久 (Y)
稳定时间/年	<0.5	0.5~1	1~3	3~5	>5
评分值	0	3	6	8	10

3.3.6 裂隙面状况

采用 Hoek 和 Brown 的地质强度指标 (GSI) 中对结构面的评价方法,将结构面分为三个指标:粗糙度 (R_r)、风化程度 (R_w)、充填物 (R_f),其评分标准和评分值见表 3-10。将三个指标按照下式累加得到裂隙面状况评分制:

$$SCR = R_r + R_w + R_f \qquad (3-8)$$

表3-10 结构面状况评分标准和评分值

粗糙度	R_r 评分值	风化程度	R_w 评分值	充填物状况	R_f 评分值
很粗糙	6	未分化	6	无	6
粗糙	5	微分化	5	硬质充填厚度<5mm	4
较粗糙	2	弱分化	2	硬质充填厚度>5mm	2
光滑	1	强分化	1	软质充填厚度<5mm	2
镜面擦痕	0	全分化	0	软质充填厚度>5mm	0

3.3.7 RCS 分类

按单轴抗压强度、当量裂隙度、地下水状况、长期稳定性、动静载荷和裂隙面状况对各项指标进行评分,把各项评分值累加得到岩体总的评分值,按总的得分值进行岩体质量分为五类,见表 3-11。

表3-11 RCS 分类结果

RMi 指标描述	*RMi* 值	岩体质量
低	<20	差
较低	20~40	较差
中等	40~60	一般
较高	60~80	较好
高	80~100	好

3.4 工程案例

内蒙古福城矿业有限公司麻黄煤矿为一座从2006年12月开始矿建的在建矿井，主井为倾角22°的斜井，在其−520~−650 m斜长130 m范围内属于水量和水压较大的涌水区（水量约为60 m³/h，水压0.62 MPa），尤其在靠近掘进迎头处有6处严重的涌水点，导致被迫停止掘进，严重影响掘进进度和矿井投产计划。因此必须尽快得到治理，以保证矿井按期投产，维护巷道安全。关于该矿的详细水文地质情况将在第6章详细介绍，此处不再赘述。下面基于RCS方法对涌水区域岩体质量进行分级评价。

3.4.1 单轴抗压强度参数及评分值的确定

在涌水区域采用直径为50 mm的取芯钻按如图3-3所示进行取芯，18个岩芯试件的平均强度 $\overline{\sigma_{c50}}=63.5$ MPa，工程区域直径 $D=3.5$ m，所以工程区域岩体强度为

$$\sigma_c = \sigma_{ci} = \sigma_{c50}\left(\frac{0.05}{D}\right)^{0.2} = 63.5\left(\frac{0.05}{3.5}\right)^{0.2} = 43.05 \text{ MPa}$$

根据单轴抗压强度的评分值表（表3-5），可得该区域岩体评分值为7。

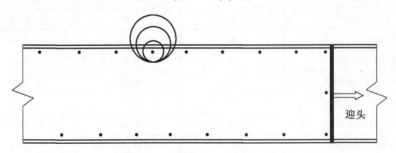

图3-3　取芯钻孔布置及裂隙统计平面图

3.4.2 当量裂隙度参数确定

1. 当量隙宽的确定

当量隙宽的确定按以下步骤进行：

（1）获取统计样本。按图3-3所示，以钻孔为圆心，分别以2.5 m、3 m、3.5 m为半径作圆，统计圆内包含型裂隙和相交型裂隙的裂隙宽度，共得出表3-12所列的100个有效数据。

（2）隙宽分组。取组距为0.0005，由于极差为0.0043−0.0004=0.00041 m，所以可以将这些数据分为9组，即 [0，0.0005)，　[0.0005，0.001)，…，

[0.004，0.0045)。

（3）分组频率统计。计算各小组的频率，做出表3-13所示的频率分布表。

表3-12　100条有效裂隙的隙宽

0.0031	0.0025	0.002	0.002	0.0015	0.001	0.0016	0.0018	0.0019	0.0016
0.0034	0.0026	0.0022	0.0022	0.0015	0.0012	0.0002	0.0004	0.0003	0.0004
0.0032	0.0027	0.0023	0.0021	0.0016	0.0012	0.0037	0.0015	0.0005	0.0038
0.0033	0.0028	0.0023	0.0022	0.0017	0.0013	0.0036	0.0017	0.0006	0.0041
0.0032	0.0029	0.0024	0.0023	0.0018	0.0014	0.0035	0.0019	0.0008	0.0043
0.003	0.0029	0.0024	0.0024	0.0019	0.0013	0.0014	0.0018	0.0007	0.002
0.0025	0.0028	0.0023	0.0023	0.0018	0.0013	0.0013	0.0016	0.0009	0.0023
0.0026	0.0027	0.0024	0.0021	0.0017	0.0014	0.0012	0.0015	0.0005	0.0024
0.0025	0.0026	0.0023	0.0021	0.0016	0.001	0.001	0.0017	0.0008	0.0024
0.0028	0.0025	0.0022	0.002	0.0015	0.001	0.0012	0.0019	0.0006	0.0018

表3-13　100条有效裂隙的隙宽频率及累积频率分布表

分组	频数	频率	累积频率
[0，0.0005)	4	0.04	0.04
[0.0005，0.001)	8	0.08	0.12
[0.001，0.0015)	15	0.15	0.27
[0.0015，0.002)	22	0.22	0.49
[0.002，0.0025)	25	0.25	0.74
[0.0025，0.003)	14	0.14	0.88
[0.003，0.0035)	6	0.06	0.94
[0.0035，0.004)	4	0.04	0.98
[0.004，0.0045)	2	0.02	1
合计	100	1	

（4）累积频率统计。由表3-13可得其累积频率统计表，见表3-14。

表3-14　累积频率分布表

分组	累积频率
>0.0005	0.04
>0.0010	0.12

表 3-14（续）

分组	累积频率
>0.0015	0.27
>0.0020	0.49
>0.0025	0.74
>0.0030	0.88
>0.0035	0.94
>0.0040	0.98
>0.0045	1.00

（5）确定当量隙宽。根据岩体化学加固和堵水的要求，当量隙宽（w）采用频率水力隙宽 b_{48} 进行计算，即 $w = b_{48} = 0.0019$ m。

2. 裂隙迹线长度估算

根据现场数码照片和 $1：1$ 的 CAD 图，把裂隙数据按裂隙的计算机实现方法编制计算机程序，进行裂隙计算，计算结果如图 3-4 所示。

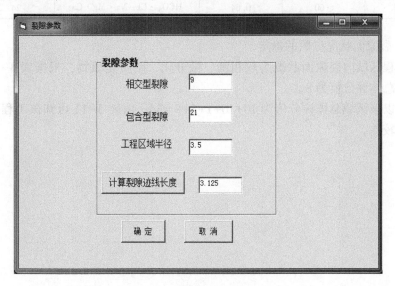

图 3-4　裂隙迹长计算结果

从对该工程区域围岩裂隙统计的结果来看，该区域工程范围内的裂隙中点密度在 $0.29～0.65$ m^{-2} 之间，采集区域内的裂隙迹线中点密度平均值为 4.43 m^{-2}；节理的平均迹长在 $1.98～5.95$ m 区域范围内分布，其整体平均值为 3.53 m。

根据 $I = k \cdot \rho \cdot l \cdot w$ 及表 3-2 得该冒水区域的当量裂隙度 $I = 7.5×4.43×3.53×$

0.0019＝0.223，由表 3-6 可知，该区域当量裂隙度为 10，属于质量较差岩体。

3.4.3 具体参数的确定

1. 长期稳定性参数的确定

由于该矿井正处于矿建阶段，根据该矿的设计生产能力，开采时间为 10 年，故长期稳定期望时间为 10 年。根据表 3-9 得评分值为 10。

2. 动静载荷参数的确定

该井筒为该矿主井且距煤 2 工作面较近，所以受动载荷，根据表 3-8 得该处评分值为 1，堵水时所选材料胶结后应该是塑性的。

3. 地下水参数的确定

工程区域内出水状况见表 3-15，水量和水压均比较大，在选择材料时一定要选择胶结速度快的材料。根据表 3-15，该区域的出水类型为涌水，评分值为 5。

表 3-15　工程区域内涌水状态参数

地下水状态	水量/($m^3 \cdot h^{-1}$)	水压/MPa	水质	水温/℃
涌水	＞60	0.64	$HCO_3 \cdot Cl$—$Na \cdot Mg \cdot Ca$	24~29

4. 裂隙面状况参数的确定

工程区域内裂隙面状况为较粗糙、微分化、硬质充填物，根据表 3-10，其裂隙面总体评分值为 8。

所以该区域总体评分值为 10+10+1+5+8＝34，由表 3-11 可知该工程区域岩体质量较差。

第4章 "工程要求—材料属性"多属性决策方法

4.1 多属性综合决策的过程

一般地,一个经典的多属性决策问题分为确定评价对象、确定评价指标、确定权重系数、确定集结模型、评价者 5 步进行。

1. 确定评价对象

由于是多属性决策,所以要求所评价对象的个数大于 1。像在本书中,岩体工程不可能就一个,适合工程要求的材料有时也不止一种。

2. 确定评价指标

各系统的运行(或发展)状况可用一个向量 x 表示,其中每一个分量都能从某一个侧面反映系统的现状,故称 x 为系统的状态向量,它构成了评价系统的指标体系。

每个评价指标都是从不同的侧面刻画系统所具有某种特征大小的度量。在本文中选取裂隙岩体质量,岩体所处的环境包括水、动静载荷、长期稳定性等,作为选择材料的评价指标。在选取指标时,应遵循系统性、科学性、可比性、可测性、相互独立性等原则。

3. 确定权重系数

针对不同的工程目的,评价指标之间的相对重要性是不同的。刻画评价指标之间的这种相对重要程度的量是权重系数。一般地,假设 ω_j 是评价指标 x_j 的权重系数,一般应有 $\omega_j \geq 0 (j = 1, 2, \cdots, m)$,$\sum_{j=1}^{m} \omega_j = 1$。

很明显,当被评价对象及评价指标都给定时,综合评价(或对各评价对象进行排序)的结果就依赖于权重系数。因此权重系数是否合理,关系到综合评价结果的可信度,因此,对权重系数的确定在多属性决策问题中应该特别慎重。

在优选出一系列的合理的加固和堵水材料后,最终选择哪一类材料是由权重系数决定的。

4. 确定集结模型

多属性（或多指标）综合评价，就是通过一定的数学模型将多个评价指标"合成"一个整体性的综合评价值，也就是说在获得 n 个系统评价指标值 $\{x_{ij}\}$ $(i = 1, 2, \cdots, n; j = 1, 2, \cdots, m)$ 的基础上，如何选用或构造综合评价函数。

$$y = f(\omega, x) \tag{4-1}$$

式中　ω——指标权重向量，$\omega = (\omega_1, \omega_2, \cdots, \omega_m)^T$；

　　　x——系统状态向量，$x = (x_1, x_2, \cdots, x_m)^T$。

由式(4-1)可以求出各系统的综合评价值 $y_i = f(\omega, x_i)$，$x_i = (x_{i1}, x_{i2}, \cdots, x_{im})^T$ 为第 i 个系统的状态量 $(i = 1, 2, \cdots, n)$，并根据 y_i 值的大小（由小到大或由大到小）将这 n 个系统进行排序和分类。

把优选出的一系列材料按工程实际情况进行权重赋值，最后选出最优的加固和堵水材料。

5. 评价者

评价对象确定以后，评价指标的建立、评价模型的选择、权重系数的确定都与评价者息息相关。

综合评价过程是各评价指标之间的信息流动、组合的过程，是一个主客观信息集成的复杂过程。

4.2　化学加固和堵水材料的性质研究

在破碎岩体快速加固和矿山岩体冒落的抢险救灾中，需要从性能复杂的众多加固材料中快速选择性能最优、经济合理、安全可靠、环境许可的材料，这对于一般工程技术人员来讲是十分困难的，工程中因加固材料选择不当而造成的重大事故时有发生。目前，针对岩体加固的材料分类方法以及岩体分级方法还没有建立，大都采用经验类比法，由于化学材料种类繁多，性能迥异，因此凭经验选择带有很大的盲目性。德国在应用化学材料加固破碎岩体方面有较多的研究，Jankowski Alfons 指出了聚亚安酯应用于地层加固的优点及改进之处；Gemmel Dietrich-wilhelm 对适用于破碎岩体加固的化学材料应具有的性能指标进行了研究；Martin Bolesta、Frank Eichstaedt 和 Peter Hoffmann 给出了化学加固材料分类、基础加固注浆材料的选择及其应用的建议。本章从岩体抢险救灾的需求出发，通过对种类繁多的加固材料的性质和不同灾害治理工程的目的的分析，研究了岩体加固材料属性的分类方法和快速加固岩体完整性的分级方法，在此基础上，研制了针对不同岩体工程条件的岩体化学加固材料快速优选支持系统，以期实现对加固材料的快速优选，为减少二次事故的发生提供科学依据。

4.2.1 化学加固和堵水材料的黏结机理

化学材料与岩体的作用力的来源是多方面的，主要有化学键力、分子间力、界面静电引力、机械作用力等。在各种黏结力的因素中，只有分子间作用力普遍存在于所有加固和堵水工程中。下面分类讨论几种常用的化学材料的反应机理。

1. 水溶性聚氨酯材料的堵水机理

异氰酸酯和含活泼氢化合物的反应是聚氨酯化学反应的基础，在水溶性聚氨酯体系中存在着一系列复杂的反应。

以多元醇为起始剂，环氧乙烷（EO）与环氧丙烷（PO）在碱性催化剂作用下进行的聚合反应是阴离子聚合反应，在聚合物的链段中含有大量的环氧基 $[\text{-}(CH_2\text{-}CH_2O)_m\text{-}]$ 具有良好的亲水性，在聚合物的末端是羟基，提供了能与异氰酸酯反应的活泼氢，反应如下：

$$Y(OH)_x + nCH_2\!-\!CH\!-\!CH_3 + mCH_2\!-\!CH_2 \xrightarrow{KOH}$$

$$YO\text{-}[(CH_2\!-\!CH\!-\!O)_n\!-\!(CH_2\!-\!CH_2)_m\!-\!H]_x$$

预聚体的制备中，主要的反应是多异氰酸酯和水溶性聚醚反应生成线性氨基甲酸酯分子的低聚物，又称水溶性预聚体，反应式为：

$$OCN\text{-}R\text{-}NCO + R'(OH)_n \xrightarrow{\triangle} R'\text{-}(OCONHR\text{-}NCO)_n$$

预聚反应的速度对浆液的生产至关重要，重则使体系迅速胶结，造成合成反应失败；轻则也使反应难以控制，使反应的重复性和产品的稳定性受到很大影响。

合格的浆液中游离的-NCO 不遇水是稳定的，遇水后，由于材料良好的亲水性，其末端游离的异氰酸酯和水立即发生反应，产生 CO_2 和脲：

$$2OCN\text{-}R''\text{-}NCO + H_2O \longrightarrow OCN\text{-}R''\text{-}NH\text{-}CO\text{-}NH\text{-}R''NCO + CO_2 \uparrow$$

接着游离的异氰酸酯和脲进行反应，生成缩二脲：

随着链的迅速增长，并发生支化生成氨基甲酸酯，氨基甲酸酯与游离的异氰酸酯反应形成脲基甲酸酯：

$$\text{\large\textasciitilde\textasciitilde O—C—N\textasciitilde\textasciitilde} + \text{\large\textasciitilde\textasciitilde NCO} \longrightarrow \text{\large\textasciitilde\textasciitilde O—C—N—C—N\textasciitilde\textasciitilde}$$

脲基甲酸酯

聚合物发生交联作用，得到架桥结构，逐渐形成三元网状结构的凝胶体，材料从液态变为固态，失去水溶性，达到了堵水的目的。CO_2 只是在反应的开始阶段产生，因而气泡能从水面上逸出。

由于固结体中含有大量的 $-(CH_2-CH_2-O)-$ 亲水基团，所以能够吸收多余的水，自身产生膨胀；$-(CH_2-CH_2-O)-$ 能自由地旋转，故固结体富有弹性，所以水溶性聚氨酯材料可以满足堵水且堵水体具有塑性的工程要求。

2. 丙烯酸盐的固化机理

丙烯酸盐是由丙烯酸和金属组成的有机电解质。加入交联剂后就生成不溶于水的聚合物。丙烯酸盐浆液是由一定浓度的单体、交联剂、引发剂、缓凝剂等组成的水溶液。丙烯酸盐常采用氧化还原引发体系，通过游离基聚合反应生成不溶于水的含水凝胶。引发剂的反应过程如下：

$$nCH_2\!\!=\!\!CH_2\!\!-\!\!\underset{\underset{O-M}{|}}{C}\!\!=\!\!O \longrightarrow -CH_2-\underset{\underset{COOM}{|}}{CH}-CH_2-\underset{\underset{COOM}{|}}{CH}-CH_2-\underset{\underset{}{|}}{CH}-CH_2-\underset{\overset{COOM}{|}}{CH}- \text{-----}$$

$$nCH_2\!\!=\!\!CH_2\!\!-\!\!\underset{\underset{NH_2}{|}}{C}\!\!=\!\!O \longrightarrow -CH_2-\underset{\underset{NH_2}{|}}{CH}-CH_2-\underset{\overset{NH_2}{|}}{CH}-CH_2-\underset{\underset{}{|}}{CH}-CH_2-\underset{\overset{NH_2}{|}}{CH}- \text{-----}$$

3. 环氧树脂材料的硬化机理

环氧树脂硬化机理比较复杂，主要反应分别叙述如下：

1）环氧树脂与乙二胺或二乙烯三胺的交联硬化

以乙二胺为例，第一步，伯胺与环氧树脂中的环氧基反应，使环氧基开环，生成仲氨。

$$-\underset{\underset{\text{环氧树脂}}{}}{\overset{O}{\overset{\frown}{CH-CH_2}}} + H_2N-CH_2-CH_2-NH_2 \quad \underset{\underset{\text{乙二胺}}{}}{\longrightarrow}$$

$$\longrightarrow HO-CH-CH_2-N-CH_2-CH_2-N-CH_2-CH-OH$$
$$\qquad\qquad\qquad\quad \underset{H}{|}\qquad\qquad\qquad\quad \underset{H}{|}$$

第二步，仲胺继续和环氧基反应，生成叔胺，同时生成巨大的网状结构高分子。

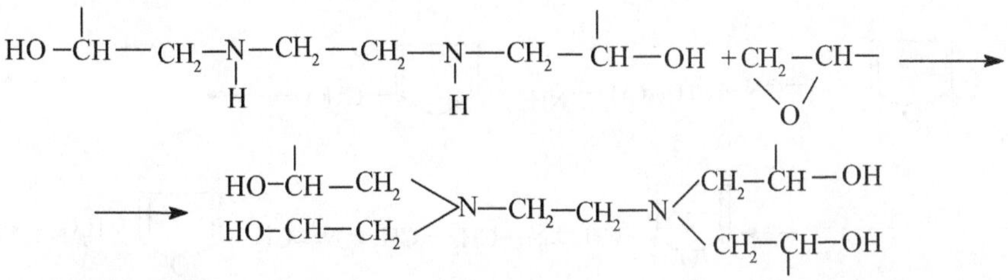

$$HO-CH-CH_2-\underset{H}{N}-CH_2-CH_2-\underset{H}{N}-CH_2-CH-OH \ +CH_2-CH- \longrightarrow$$
$$\underset{O}{\triangle}$$

$$\longrightarrow \begin{array}{l} HO-CH-CH_2 \\ HO-CH-CH_2 \end{array}\!\!\!\!\searrow N-CH_2-CH_2-N\!\!\!\!\begin{array}{l} CH_2-CH-OH \\ CH_2-CH-OH \end{array}$$

2）糠醛和丙酮

若体系中含有糠醛和丙酮，则存在着糠醛与丙酮的反应。糠醛和丙酮在碱性介质中发生缩合反应，首先生成呋喃亚甲基丙酮，反应分两步进行：

第一步是加成反应：

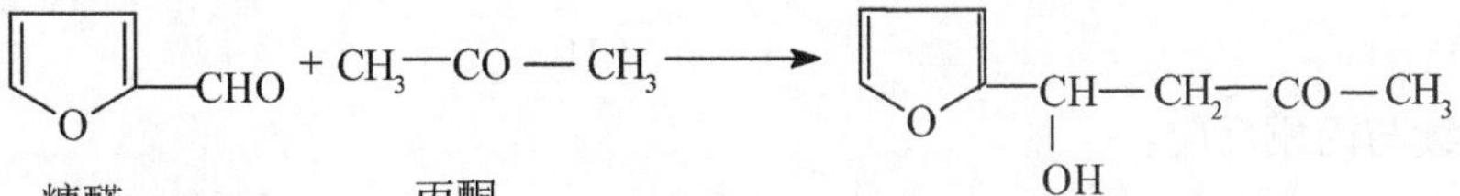

糠醛 + $CH_3-CO-CH_3$ → （呋喃基）$-CH-CH_2-CO-CH_3$, 下标OH

　　糠醛　　　　　　丙酮

第二步是脱水：

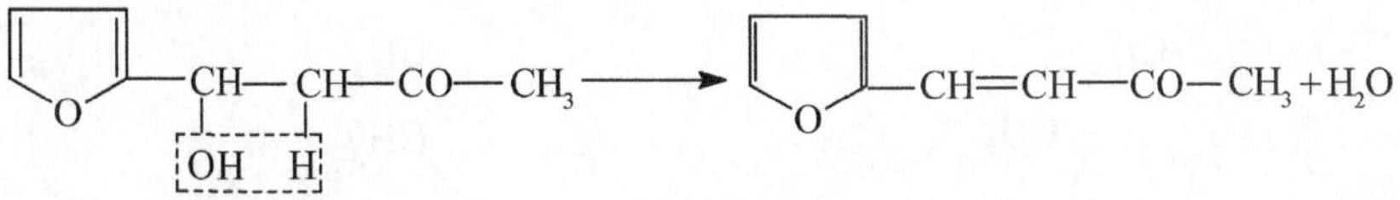

（呋喃基）$-CH-CH-CO-CH_3$ → （呋喃基）$-CH=CH-CO-CH_3+H_2O$
下方 $\boxed{OH \quad H}$

呋喃亚甲基丙酮

在丙酮过量的情况下，如在配方中，糠醛和丙酮重量比为 1∶1，摩尔比为 1∶1.66，将进一步发生下述反应，聚合成糠醛—丙酮树脂：

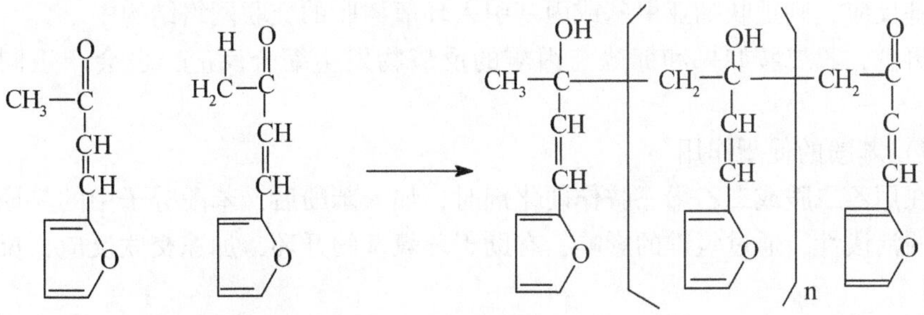

3）乙二胺或乙二烯三胺与糠醛、丙酮的反应

下面以乙二烯为例予以说明。

（1）与糠醛的反应：

如果继续与糠醛反应：

— 69 —

$$\text{(furan)}-CHO + H_2N-CH_2-NH_2 \longrightarrow \text{(furan)}-CH=N-CH_2-CH_2-NH_2 + H_2O$$

$$\text{(furan)}-CH=CN-CH_2-CH_2-NH_2 + \text{(cyclopentene)}-CHO \longrightarrow$$

$$\longrightarrow \text{(furan)}-CH=N-CH_2-CH_2-N=CH-\text{(furan)} + H_2O$$

（2）与丙酮的反应：

和与糠醛的反应类似：

$$CH_3-CO-CH_3 + H_2N-CH_2-CH_2-NH_2 \longrightarrow \underset{CH_3}{\overset{CH_3}{C}} = N-CH_2-CH_2-NH_2 + H_2O$$

继续与丙酮反应：

$$\underset{CH_3}{\overset{CH_3}{C}} = N-CH_2-CH_2-NH_2 + O = \underset{CH_3}{\overset{CH_3}{C}} \longrightarrow$$

$$\longrightarrow \underset{CH_3}{\overset{CH_3}{C}} = N-CH_2-CH_2-N = \underset{CH_3}{\overset{CH_3}{C}} + H_2O$$

在上述乙二胺和糠醛或丙酮的反应中，如果第一步反应的产物和环氧树脂的环氧基反应，则把呋喃亚甲基或丙基引入环氧树脂的交联网络结构中。

再者，乙二胺如果和糠醛与丙酮的反应物发生缩合反应，也会产生同样的结果。

4）苯酚的促凝作用

在用乙二胺或二乙烯三胺作硬化剂时，加入苯酚后，苯酚分子中的氢原子有较强的活泼性，通过氢键的影响，有助于环氧基的开环，加速交联反应，反应式如下：

$$H_2N-CH_2-CH_2-NH_2 + CH_2-CH- + HO-\text{(benzene)} \longrightarrow$$

$$\longrightarrow \left[\begin{array}{c} H_2N-CH_2-CH_2-\overset{\oplus}{\underset{H}{N}}H-CH_2-CH \text{\footnotesize\char`\~\char`\~\char`\~} \\ \quad\quad\quad\quad\quad\quad\quad\quad O \\ \quad\quad\quad\quad\quad\quad\quad\quad \vdots \\ \quad\quad\quad\quad\quad\quad\quad\quad HO \end{array}\right] \longrightarrow$$

$$\longrightarrow \left[\begin{array}{c} H_2N-CH_2-CH_2-\overset{\oplus}{\underset{H}{N}}H-CH_2-CH \text{\footnotesize\char`\~\char`\~\char`\~} \\ \quad\quad\quad\quad\quad\quad\quad\quad\quad OH \\ \quad\quad\quad\quad\quad\quad\quad\quad O \end{array}\right] \longrightarrow$$

$$\longrightarrow H_2N-CH_2-CH_2-NH-CH_2-\underset{OH}{CH}\text{\footnotesize\char`\~\char`\~\char`\~} + HO-\text{(phenyl)}$$

交联反应中生成的醇羟基和苯酚中酚羟基一样，也能加速胺和环氧基之间的反应。

上述反应式列举的硬化剂是乙二胺，至于二乙烯三胺，除了和乙二胺一样，有两个伯胺基以外，还有一个仲胺基，它有 5 个可以反应的氢原子，所以交联能力更大。

4. 硅酸钠（水玻璃）的固化机理

硅酸钠（水玻璃）在堤防工程中主要与水泥发生反应，有时也与土发生反应。

1）硅酸钠（水玻璃）与水泥浆液的固化机理

由于水泥普遍存在水化问题，使其水泥浆液初凝时间慢及结石体早期强度较低，故在制备水泥浆液时需要加入水玻璃来加速水泥的水化作用。其主要机理是：水泥加入硅酸钠后，两者的氢氧化钙反应生成水化硅酸钙，即

$$Ca(OH)_2 + Na_2O \cdot nSiO_2 + mH_2O \longrightarrow NaOH + CaO \cdot nSiO_2 \cdot mH_2O$$

水泥中的硅酸三钙与硅酸二钙水化后生成氢氧化钙，但它在水中的溶解度不高，很快达到饱和状态，从而限制了后续的硅酸三钙与硅酸二钙的水化。一旦加

入水玻璃，就与水泥中的氢氧化钙反应，消耗水泥中的氢氧化钙，使溶液中的氢氧化钙含量不至于达到饱和状态，相比就加快了硅酸三钙与硅酸二钙的水化作用，宏观上表现出水泥浆初凝时间加快，结石体早期强度增大。

2）硅酸钠（水玻璃）与黄土的固化机理

硅酸钠水解后灌入黄土中时，便与黄土中的碱土金属发生反应，生成一种碱金属水合硅酸盐和二氧化硅凝胶，即

$$Na_2O \cdot nSiO_2+MgCl_2+xH_2O \longrightarrow 2NaCl+MgSiO_3 \cdot xH_2O+(n-1)SiO_2$$

其中镁元素也可为其他碱金属族元素。这种碱金属水合硅酸盐和二氧化硅凝胶充填了黄土中的孔隙，增强了粒间的胶结力，使黄土土体硬化并使其强度增大。

4.2.2 化学加固和堵水材料性质的评价指标研究

由于高分子化学材料能注入0.1 mm及其以下的裂隙，所以被岩土工程界所重视。随着材料科技的发展，可用于岩体化学加固的材料越来越多，其中用于岩体加固的主要有5个系列：水泥基材料系列、丙烯酸盐系列、环氧树脂系列、聚氨酯系列、水玻璃系列。它们性质各异，优点突出，能够很好地满足不同岩体工程条件下快速加固的要求。

为满足不同的岩体工程对加固材料性能的要求，以及化学加固材料优选的自动化，需要对加固材料的工程属性进行详细划分，即按照加固材料的环境属性（如亲水性、环境温度、反应温度和环保特性）和工程属性（如单向抗压强度、黏结强度、凝固时间、发泡倍数、可塑性、施工设备与工艺等）进行划分，以使岩体加固材料的工程属性与具体的加固工程所要求的属性达到最优匹配。

为做到技术经济的最优，在充分考虑材料工程属性的基础上，材料的经济属性，即产品价格也是必须考虑的。这样对具体的加固工程，加固材料的选择才能做到真正意义上的最优选。

建立材料性能分类的标准格式，为创建材料数据库提供基础，下面以北京瑞琪米诺桦合成材料有限公司的产品为例，列一张基本产品的性质分类表（其他产品性能分类办法，可以照此分类标准处理），见表4-1。

1. 基本信息

第一部分（序号1~7）为产品基本信息，包括产品名称、批准编号、成分类型、生产商或销售商及其基本物理属性（包括外观、密度、黏度等）。这些基本信息来自生产商的说明书，是材料选型的基础数据。

2. 环境属性信息

第二部分（序号8~11）为产品的环境属性，包括胶结后的毒性、适宜温度、反应温度、反应后胶结体的阻燃特性等环境属性信息。该部分反映了材料适用的

环境条件。对于有毒的材料不能用于民用工程；对胶结过程中产生高温的材料不能用在煤矿中，尤其是高瓦斯或煤岩中；其阻燃特性是从消防火的角度对材料特性的记录。

表 4-1 岩体化学加固和堵水材料性质分类

序号	项目	详 细 情 况							
1	产品名称	加固Ⅰ号		加固Ⅱ号		堵水/加固Ⅰ号		堵水/加固Ⅱ号	
2	批准编号	SN：××××××							
3	成分类型	双组分							
4	生产商/销售商	北京瑞琪米诺桦合成材料有限公司							
5	外观	A组分	B组分	A组分	B组分	A组分	B组分	A组分	B组分
		淡黄色	深褐色	淡黄色	深褐色	淡黄色	深褐色	深褐色	深褐色
6	密度/（kg·m^{-3}）	1.1	1.4	1.1	1.4	1.1	1.4	1.1	1.4
7	黏度/（MPa·s）	300		300		300		300	
8	毒性	微毒		无毒		无毒		无毒	
9	适宜温度/℃	室温		室温		室温		室温	
10	反应温度/℃	产生高温		不产生高温		产生高温		产生高温	
11	阻燃特性	阻燃		阻燃		阻燃		阻燃	
12	最大单轴抗压强度/MPa	80		50		40		40	
13	最大黏结强度/MPa	5		5		3		3	
14	亲水性	遇水反应		不与水反应		遇水反应		遇水反应	
15	发泡因子	可调		不发泡		本身不发泡		本身不发泡	
16	开始反应时间/s	40		40		30		30	
17	终止反应时间/s	70		70		50		50	
18	最大扩散半径/m	2		2		2		2	
19	可塑性	一般		一般		差		差	
20	施工设备与工艺	简单		简单		简单		简单	
21	应用建议	采用专用泵		采用专用泵		采用专用泵		采用专用泵	

3. 工程属性信息

第三部分（序号 12~19）为产品的工程属性信息，包括材料的亲水性、可塑性、强度、发泡性、渗透性、反应时间等与裂隙岩体的加固和堵水密切相关的基本参数。

化学材料对水十分敏感，大部分材料遇水会发泡，导致其强度降低。在矿山工程中，岩体或煤岩体一般处于动载荷作用下，对材料胶结以后的可塑性要进行充分考虑。一般情况下，裂隙岩体的化学快速加固和堵水对材料的反应时间和渗透性要求较高。

强度包括最大单轴抗压强度和最大黏结强度，其中黏结强度可以通过如下方法测量：将一系列待测棱柱（尺寸：100 mm×100 mm×100 mm）设计成不同裂缝，然后用待检测材料黏合在一起，在不同的凝固时段，对这些试件进行三向拉力屈服试验，所能承受的最大屈服拉力被认为是注浆材料的黏结力。

4. 其他信息

第四部分（序号20~21）主要是从材料的工程目的出发而添加的材料备注信息以及材料使用过程中应注意的问题。

4.3 多属性评价指标的无量纲化

4.3.1 数量化理论

数量化理论（Theroy of quanification）最早由日本数理统计研究所所长林知已夫教授提出，在日本各界得到了广泛的应用。数量化理论实际上是多元分析的一个分支（属于判定分析），多元分析是根据观测数据研究多个随机变量间关系的一个数理统计分支。数量化理论认为，定性变量和定量变量之间是可以相互转化的。若将数轴划分为互不相交的若干个区间，当定性变量和定量变量取值于同一区间时，则认为两者具有某种共同属性，属于同一等级，这样便可以将此定量变量转化为定性变量，相应的定量数据也就转化为定性数据；反之，对定性变量及其数据，按某一合理的原则也可以实现向定量方面的转化，并以得到的定量数据为基础进行预测或分级等研究。由此可见，数量化理论不仅可以利用定量变量，还可以利用定性变量将定性指标定量化。使用该理论可以消除各种人为主观因素的影响，从而可以充分利用信息，更加全面合理地研究并发现事物间的联系和内在规律，提高分级的准确性。因而，它是多元分析中一种有力工具，应用非常广泛。

数量化理论按其研究问题的目的不同，一般分为有数量化预测方法（Ⅰ类问题）和数量化判别方法（Ⅱ类问题）。其中Ⅰ类问题主要是用来预测，发现关系式；Ⅱ类问题主要是判别分析，用于样品的分类或分级。

由上可见，"裂隙岩体工程要求——材料属性"适应性评价属于Ⅱ类问题，因此采用数量化判别方法对各评价指标进行数量化是比较合适的。

4.3.2 判别函数（式）的求法

数量化理论中，通常把定性变量称为项目，把定性变量的各种不同取"值"

称为类目。现设有 g 个母体，从第 t 个母体中取出 N_t 个已知样本（$t=1$，2，3，…，g），共有 N 个样本（$N=N_1+N_2+\cdots+N_g$）。对这些样本考察 m 个项目，其中第 j 个项目包含 r_j 个类目（$j=1$，2，…，m），共有 P 个类目（$P=r_1+r_2+\cdots+r_g$）。由此可知数量化判别方法的原始数据，即各样本的项目、类目反应矩阵，见表4-2。

表4-2 项目、类目反应矩阵

		X_1	X_2	…	X_m
		$C_{11}\cdots C_{1r1}$	$C_{21}\cdots C_{2r2}$	…	$C_{m1}\cdots C_{mrm}$
1	1	$\delta_1^1(1,1)\cdots\delta_1^1(1,r_1)$	$\delta_1^1(2,1)\cdots\delta_1^1(2,r_2)$	…	$\delta_1^1(m,1)\cdots\delta_1^1(m,r_m)$
	⋮	⋮	⋮	⋮	⋮
	n_1	$\delta_{n1}^1(1,1)\cdots\delta_{n1}^1(1,r_1)$	$\delta_{n1}^1(2,1)\cdots\delta_{n1}^1(2,r_2)$	…	$\delta_{n1}^1(m,1)\cdots\delta_{n1}^1(m,r_m)$
2	1	$\delta_1^2(1,1)\cdots\delta_1^2(1,r_1)$	$\delta_1^2(2,1)\cdots\delta_1^2(2,r_2)$	…	$\delta_1^2(m,1)\cdots\delta_1^2(m,r_m)$
	⋮	⋮	⋮	⋮	⋮
	n_2	…	…	…	…
⋮	⋮	⋮	⋮	⋮	⋮
g	1	$\delta_1^g(1,1)\cdots\delta_1^g(1,r_1)$	$\delta_1^g(2,1)\cdots\delta_1^g(2,r_2)$	…	$\delta_1^g(m,1)\cdots\delta_1^g(m,r_m)$
	⋮	⋮	⋮	⋮	⋮
	n_g	$\delta_{ng}^g(1,1)\cdots\delta_{ng}^g(1,r_1)$	$\delta_{ng}^g(2,1)\cdots\delta_{ng}^g(2,r_2)$	…	$\delta_{ng}^g(m,1)\cdots\delta_{ng}^g(m,r_m)$

其中 $\delta_i^t(j,k)$ 表示第 t 组中的第 i 个样本在第 j 项目的第 k 个类上的反应，它的取值为 0 或者 1。

表4-2 中的数据有一个性质，就每个样本（相应于每一行）来说，它的第 j 个项目中有且只有一个类目的反应是 1，在其余类目上的反应都是 0，即对任意的 (t,i)，都有 $\delta_i^t(j,1)+\delta_i^t(j,2)+\cdots+\delta_i^t(j,r)=1$（$j=1$，2，…，$m$）。

由表4-2 中的数据，按原来位置排成一个 $N\times P$ 阶矩阵，记为 X，固定其中的 j、k，考虑 X 的每一列，即对每一个确定的类目而言，令

$$\bar{\delta}^t(j,k)=\frac{1}{N_t}\sum_{i=1}^{N_t}\delta_i^t(j,k)\quad(t=1,2,\cdots,g)\tag{4-2}$$

它表示第 t 组样本在这个类目上的反应的组内均值。令

$$\bar{\bar{\delta}}(j,k)=\frac{1}{N}\sum_{t=1}^{g}\sum_{i=1}^{N_t}\delta_i^t(j,k)=\frac{1}{N}\sum_{t=1}^{g}N_t\bar{\delta}^t(j,k)\tag{4-3}$$

它表示所有样本在这个类目上的反应的总均值。将 X 中的每一个元素分别用组内均值和总均值来代替，又得到两个 $N\times P$ 阶矩阵 $\bar{X}$ 和 $\bar{\bar{X}}$。

下面的工作就是求解如下形式的线性判别函数：

$$Y_i^t = \sum_{j=1}^{m} \sum_{k=1}^{r_j} \delta_i^t(j,\ k) b_{jk} \quad (i = 1,\ 2,\ \cdots,\ N_t;\ t = 1,\ 2,\ \cdots,\ g) \quad (4\text{-}4)$$

写成矩阵形式为

$$Y = Xb \quad (4\text{-}5)$$

其中：

$$Y' = (y_1^1,\ \cdots,\ y_{N1}^1;\ y_1^2,\ \cdots,\ y_{N2}^2;\ \cdots;\ y_1^g,\ \cdots,\ y_{Ng}^g)$$

$$b' = (b_{11},\ \cdots,\ b_{1r1};\ b_{21},\ \cdots,\ b_{2r2};\ \cdots;\ b_{mm})$$

同样，也可以根据公式算得各已知样本的判别得分的组内均值和总均值：

$$\bar{y}^t = \frac{1}{N_t} \sum_{i=1}^{N_t} y_i^t = \frac{1}{N_t} \sum_{i=1}^{N_t} \sum_{j=1}^{m} \sum_{k=1}^{r_j} \delta_i^t(j,\ k) b_{jk}$$

$$= \sum_{j=1}^{m} \sum_{k=1}^{r_j} \left[\frac{1}{N_t} \sum_{i=1}^{N_t} \delta_i^t(j,\ k) \right] b_{jk}$$

$$= \sum_{j=1}^{m} \sum_{k=1}^{r_j} \overline{\delta^t}(j,\ k) b_{jk} \quad (4\text{-}6)$$

$$\bar{\bar{y}} = \frac{1}{N} \sum_{t=1}^{g} \sum_{i=1}^{N_t} y_i^t = \frac{1}{N} \sum_{i=1}^{g} N_t \bar{y}^t$$

$$= \frac{1}{N} \sum_{i=1}^{g} N_t \sum_{j=1}^{m} \sum_{k=1}^{r_j} \overline{\delta^t}(j,\ k) b_{jk}$$

$$= \sum_{j=1}^{m} \sum_{k=1}^{r_j} \left[\frac{1}{N} \sum_{i=1}^{g} N_t \overline{\delta^t}(j,\ k) \right] b_{jk}$$

$$= \sum_{j=1}^{m} \sum_{k=1}^{r_j} \overline{\overline{\delta^t}}(j,\ k) b_{jk} \quad (4\text{-}7)$$

用以上的均值定义两个 N 维向量：

$$\overline{Y}' = \left(\underbrace{\bar{y}^1,\ \cdots \bar{y}^1}_{N_1 \uparrow},\ \underbrace{\bar{y}^2,\ \cdots \bar{y}^2}_{N_2 \uparrow},\ \cdots,\ \underbrace{\bar{y}^g,\ \cdots \bar{y}^g}_{N_g \uparrow} \right)$$

$$\overline{\overline{Y}}' = \left(\underbrace{\bar{\bar{y}},\ \cdots,\ \bar{\bar{y}}}_{N \uparrow} \right)$$

写成矩阵形式为

$$\overline{Y} = \overline{X} b$$

$$\overline{\overline{Y}} = \overline{\overline{X}} b$$

由此可得

$$\overline{Y} - \overline{\overline{Y}} = (\overline{X} - \overline{\overline{X}}) b$$

$$Y - \overline{\overline{Y}} = (X - \overline{\overline{X}}) b$$

所以，判别得分的组间离差为

$$S_b = \sum_{t=1}^{g} \sum_{i=1}^{N_t} (\overline{y^t} - \overline{\overline{y}})^2 = (\overline{Y} - \overline{\overline{Y}})'(\overline{Y} - \overline{\overline{Y}})$$

$$= b'(\overline{X} - \overline{\overline{X}})'(\overline{X} - \overline{\overline{X}}) b = b'Cb \qquad (4-8)$$

其中，P 阶方阵 $C = (\overline{X} - \overline{\overline{X}})'(\overline{X} - \overline{\overline{X}})$ 是自变量间组间离差矩阵。y_i 的总离差为

$$S_i = \sum_{t=1}^{g} \sum_{i=1}^{N_t} (\overline{y^t} - \overline{\overline{y}})^2 = (\overline{Y} - \overline{\overline{Y}})'(\overline{Y} - \overline{\overline{Y}})$$

$$= b'(\overline{X} - \overline{\overline{X}})'(\overline{X} - \overline{\overline{X}}) b = b'Db \qquad (4-9)$$

其中 P 阶方阵 $D = (\overline{X} - \overline{\overline{X}})'(\overline{X} - \overline{\overline{X}})$ 是自变量的总离差矩阵。

根据费歇尔准则，所求的判别系数 b 应该使得相关比：

$$R^2 = \frac{S_b}{S_t} = \frac{b'Cb}{b'Db} \qquad (4-10)$$

取得最大值。将 b 的各分量乘以同一常数，不会影响式（4-10）给出的比值，因此可在 $S_t = 1$ 的条件下求 $S_b = R^2$ 的极大值。为此，可用拉格朗日乘子法求解 $Q = b'Cb - \lambda (b'Db - 1)$ 的绝对极值，使 Q 取得极大值的 b 一定满足如下方程式：

$$\frac{\partial Q}{\partial b} = 2Cb - 2\lambda Db = 0$$

即有：

$$Cb = \lambda Db \quad \text{或} \quad (C - \lambda D) b = 0 \qquad (4-11)$$

将该方程两端乘以向量 b'，由 $S_t = 1$ 可得 $\lambda = b'Cb = R^2$。这说明 $S_t = 1$ 的拉格朗日乘数 λ（即特征根）就等于相关比的极大值 R^2。

需要注意的是，此时矩阵 C 和 D 都不是满秩的，因此需要采用特殊的办法去求解方程式（4-11）。

根据这两个矩阵的定义，C 的秩等于 $\overline{X} - \overline{\overline{X}}$ 的秩，D 的秩等于 $X - \overline{X}$ 的秩对于任意固定的 t，恒有下面的关系式：

$$\sum_{k=1}^{r_j} \overline{\delta}^t(j, k) = \sum_{k=1}^{r_j} \left[\frac{1}{N_t} \sum_{i=1}^{N_t} \delta_i^t(j, k) \right]$$

$$= \frac{1}{N_t} \sum_{i=1}^{N_t} \left[\sum_{k=1}^{r_i} \delta_i^t(j, k) \right] = 1 \quad (j = 1, 2, \cdots, m) \tag{4-12}$$

类似的还有：

$$\bar{\bar{\delta}}(j, 1) + \bar{\bar{\delta}}(j, 2) + \cdots + \bar{\bar{\delta}}(j, r_j) = 1 \quad (j = 1, 2, \cdots, m) \tag{4-13}$$

由式（4-12），式（4-13）和 $\delta_i^t(j, 1) + \delta_i^t(j, 2) + \cdots + \delta_i^t(j, r_j) = 1$ 可知，对任意固定的 t，都有：

$$\sum_{k=1}^{r_j} \left[\overline{\delta^t}(j, k) - \bar{\bar{\delta}}(j, k) \right] = 0 \quad (j = 1, 2, \cdots, m) \tag{4-14}$$

对任意固定的 t、i，还有：

$$\sum_{k=1}^{r_j} \left[\delta_i^t(j, k) - \bar{\bar{\delta}}(j, k) \right] = 0 \quad (j = 1, 2, \cdots, m) \tag{4-15}$$

由式（4-14）和式（4-15）可知，矩阵 $\overline{X} - \bar{\bar{X}}$ 和 $X - \bar{\bar{X}}$ 得列向量各有 m 个互相独立的线性关系，因此它们的秩都不超过 $\min\{N, P-m\}$。

另外，$\overline{X} - \bar{\bar{X}}$ 中仅含有 g 个不同的行向量，而其中每列的元素之和为

$$\sum_{t=1}^{g} \sum_{i=1}^{N_t} \left[\overline{\delta^t}(j, k) - \bar{\bar{\delta}}(j, k) \right]$$

$$= \sum_{t=1}^{g} N_t \left[\overline{\delta^t}(j, k) - \bar{\bar{\delta}}(j, k) \right]$$

$$= \sum_{t=1}^{g} N_t \overline{\delta^t}(j, k) - \sum_{t=1}^{g} N_t \bar{\bar{\delta}}(j, k)$$

$$= N \bar{\bar{\delta}}(j, k) - N \bar{\bar{\delta}}(j, k) = 0$$

这说明 $\overline{X} - \bar{\bar{X}}$ 的所有行向量之和为零向量，从而它最多包含 $g-1$ 个线性无关的行向量，即 $\overline{X} - \bar{\bar{X}}$ 的秩不超过 $\min\{N, P-m, g-1\}$。

在实际计算中，样本总数 N 比较大，母体数 g 比较小，一般情况下总有：

$$R(C) = R(\overline{X} - \bar{\bar{X}}) = g - 1$$

$$R(D) = R(X - \bar{\bar{X}}) = P - m$$

在矩阵 D 不满秩的情况下，为了求解特征根问题，式（4-11）从 C、D 中删去与 b_{jr_j}（$j=1, 2, \cdots, m$）对应的行和列，得到两个 $P-m$ 阶的半正定的方阵 C^*、D^*。这时 D^* 是一个满秩矩阵，从而也是正定的，它可以分解成以下形式：

$$D^* = L'L \tag{4-16}$$

其中 L 是某个满秩矩阵。将式（4-16）代入式（4-11），考虑下面的方

程组：

$$(C^* - \lambda D^*) b^* = 0 \tag{4-17}$$

此时的 D^* 虽然满秩，但一般不能把它化成下面的普通特征方程：

$$(D^{*-1}C - \lambda I) b^* = 0$$

因为这样算得的矩阵 $D^{*-1}C$ 不对称，不利于求解分析。为保证对称性，将式 (4-16) 代入式 (4-17) 中，得

$$(C^* - L'L) b^* = 0 \tag{4-18}$$

将式 (4-18) 左端乘以 $L'^{-1} = L^{-1}$，得

$$(L'^{-1}CL^{-1} - \lambda I) Lb^* = 0$$

再令

$$a = Lb^* \quad \text{或} \quad b^* = L^{-1}a$$

就可以把式 (4-17) 化成以下形式：

$$(L'^{-1}C^*L^{-1} - \lambda I) \quad a = 0$$

这里的 $L'^{-1}C^*L^{-1}$ 是对称的，而且还是秩为 $g-1$ 的半正定矩阵，于是可以求得 $g-1$ 个特征根（可能有重根）：$\lambda_1 \geq \lambda_2 \geq \cdots \geq \lambda_{g-1} > 0$ 和相应的 $g-1$ 个正交的单位特征向量 a_1，a_2，$\cdots$，a_{g-1}。

$$(L'^{-1}C^*L^{-1} - \lambda_i I) a_i = 0$$

$$a'_i a_j = \delta_{ij} \begin{cases} 0, & i \neq j \\ 1, & i = j \end{cases} \quad (i, j = 1, 2, \cdots, g-1)$$

令 $b_i^* = L^{-1}a_i (i, j = 1, 2, \cdots, g-1)$，则这 $g-1$ 个向量满足下式：

$$(C - \lambda_i D^*) b_i^* = 0$$

并且有：

$$b_i'^* D^* b_j^* = a'_i L'^{-1} D^* L^{-1} a_j = a'_i a_j = \delta_{ij} \quad (i, j = 1, 2, \cdots, g-1)$$

由 $P-m$ 维特征向量 $b_i^* = (b_{12}^i, \cdots, b_{1r_1}^i, b_{22}^i, \cdots, b_{m2}^i, \cdots, b_{mrm}^i)$，可按自然方式派生出相应的 P 维向量 $b_i = (0, b_{12}^i, \cdots, b_{1r_1}^i, 0, b_{22}^i, \cdots, 0, b_{m2}^i, \cdots, b_{mrm}^i)(i, j = 1, 2, \cdots, g-1)$。

可以看出，这 $g-1$ 个向量满足下面的正交性条件：

$$b'_i D b_j = \delta_{ij} \quad (i, j = 1, 2, \cdots, g-1)$$

求出特征值（可能有重根）及相应的特征向量后，取最大特征值 λ_1 所对应的特征向量 b_1，就是所要求的一个判别系数向量。

$$y_i^t = \sum_{j=1}^{m} \sum_{k=1}^{r_j} \delta_i^t(j, k) b_{jk} \quad (i = 1, 2, \cdots, N_t; \ t = 1, 2, \cdots, g)$$

$$\tag{4-19}$$

整个求解的计算过程如图 4-1 所示，具体计算借助计算机编程来予以实现。

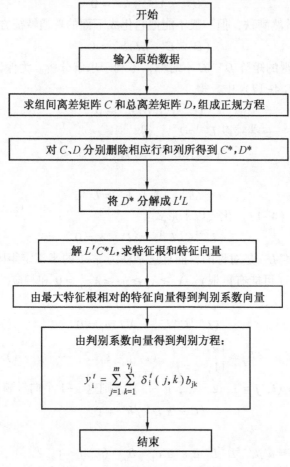

图 4-1　数量化判别方法求解流程

4.3.3　判据的确定

由前述可知，对于每组中的每个样本，都能通过关系式算出一个判别得分。把这些得分标在一条称之为评价尺度的直线上，就可以得到每组的直方图。由每组直方图还可以得到该组的近似概率密度函数。再由这些分布函数，可以在评价尺度上得到一些确定的分点，叫作判据。对于一个待判别的样本，根据其得分是标在这些分点的左面还是右面来判定它属于哪一组。

为计算方便，我们假定各母体的方差均相等，且样本属于各母体的先验概率也相等，就可以把相邻两母体均值的平均数作为判据。即在 y_i 已知情况下，令

$$F^t = \frac{1}{N_t} \sum_{i=1}^{N_t} y_i$$

$$F_0 = \frac{F^t + F^{t+1}}{2} \quad (t = 1, 2, \cdots, g-1) \tag{4-20}$$

式（4-20）即为分级判据。

4.4 裂隙岩体质量评价指标权重系数的确定

工程要求各评价指标之间不是相互独立的，而是相互影响、相互作用、共同组成一个有机的系统。因此在评价岩体质量时应充分分析各指标对岩体质量的影响。John Hundson 提出的相互作用关系矩阵通过分析评价指标相互影响对边坡稳定性的贡献，研究评价指标的相互作用对边坡稳定性的影响，它提供了一种定性、半定量的评价指标相互关系的研究方法，可通过评价指标相互作用强度确定各指标对岩体质量的重要程度，为评价指标体系结构和权重的确定提供较为准确的依据。

4.4.1 相互作用关系矩阵原理

相互作用关系矩阵能够反映系统的整体行为，它是分析各种复杂系统的有效手段。如图 4-2 所示，关系矩阵通过将影响系统行为的主要因素置于主对角线节点，两因素间的相互影响和作用置于其他节点构造而成，关系矩阵的可靠性和精度取决于主对角线上主要因素的个数和对研究对象的认识程度，两因素间相互作用的非等价性决定了关系矩阵的不对称性。

T_1	T_1 on T_2	T_1 on T_3
T_2 on T_1	T_2	T_2 on T_3
T_3 on T_1	T_3 on T_2	T_3

图 4-2　三因素相互作用关系矩阵

主对角线上的为主要因素，其他则为它们的相互作用，其值按顺时针次序来读取。某因素所在行描述了它对其他因素的影响，称这一因素为原因，而该因素所在的列则描述了其他因素对它的影响，称之为对该因素的结果。因为各因素产生的影响（原因）和所受的影响（结果）是不相同的，可以用编码方式来处理加以区分。

Hudson 提出了 5 种编码方法，如图 4-3 所示。其中二值法较为简单实用，但需对岩石工程系统有较深入的了解，且有时仅对参数的相互作用划分为有

（1）和无（0）也过于简单，不能表示复杂的影响；半定量专家取值法较二值法更进一步，将各种相互作用强度分级表示，可表示更为复杂的相互作用关系，需掌握详尽的岩石工程资料，对作用强度的分级一般根据专家经验知识定性取值；线性关系法是假定两因素相互作用关系符合一定的线性关系，其中水平线表示 P_j 不受 P_i 的影响，直线的斜率表示编码取值，这种方法在理论上较为合理，但大多数参数间的精确关系难以测量，事实上并非所有的相互关系均满足线性关系；偏微分方程法更适合岩石复杂、非线性等条件，数值分析法中一系列假定不一定符合工程实际，这两种方法均需要有充分的数据信息保证所建模型与实际相符，计算过程复杂，通常难以实现，目前也没有成熟的建立方法。因此，实际应用一般采用前两种取值方法，在边坡稳定性快速评价中采用半定量专家取值法。

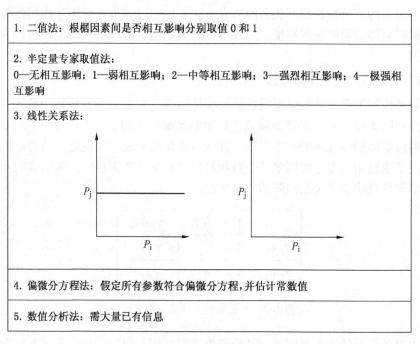

图4-3　相互作用关系矩阵编码方法

根据相互作用关系矩阵原理，可将研究对象视为一个有机的系统。主对角线元素表示系统的主要影响因素，主对角线以外元素表示因素之间的相互作用关系。主对角线上元素取值为空，表示各因素不影响其自身，只能通过与其他因素相互作用来影响系统，主对角线以外元素取值一般采用半定量专家取值法，根据相互作用程度取为0、1、2、3或4。

记 T_i（C_i，E_i）为主要因素 T_i 与系统的相互作用，C_i 为第 i 行非主对角线元素值之和，表示主要因素 T_i 对系统的影响，称为原因。

$$C_i = I_{i1} + I_{i2} + \cdots + I_{iN} \tag{4-21}$$

E_i 为第 i 列非主对角线元素值之和，表示系统对主要因素 T_i 的影响，称为结果。

$$E_i = I_{1i} + I_{2i} + \cdots + I_{Ni} \tag{4-22}$$

设存在 N 个主要因素，则 C_i 和 E_i 最大值均为 4（$N-1$）。明显地，$\sum_{i=1}^{N} C_i = \sum_{i=1}^{N} E_i$。

在实际应用中，通常计算所有参与评价的因素的活动性指数（k_i），即每一因素的因果值总和占系统总因果值的百分数。

$$k_i = \frac{C_i + E_i}{\sum_{i=1}^{N}(C_i + E_i)} = \frac{C_i + E_i}{2\sum_{i=1,\,j=1}^{N} I_{ij}} \tag{4-23}$$

活动性指数越高，表明该因素对系统的整体行为贡献越显著。

4.4.2 评价指标相互作用关系矩阵的建立

裂隙岩体可以看作是由强度、裂隙度、地下水状况等多因素相互作用构成的系统，多因素相互作用关系矩阵提供了定性描述这类系统的方法。在裂隙岩体质量评价中，综合研究工程区域地质背景和环境条件、评价要求等信息，选择影响裂隙岩体质量的主要因素，通过影响因素相互作用定性分析，提取裂隙岩体质量评价指标，组成一个多因素相互作用关系矩阵，研究各评价指标之间的相互作用关系，定量评价"工程要求—材料属性"的匹配情况。

该类关系矩阵的组成原则是：将裂隙岩体质量评价指标依次放置在该矩阵的主对角线上，某个评价指标对其他评价指标的作用置于该指标所在行中主对角线以外的位置，其值表示该评价指标作用于其他评价指标而对裂隙岩体质量的具体影响程度；其他指标对某个评价指标的作用置于该指标所在列中主对角线以外的位置，其值表示其他指标作用于该评价指标而影响裂隙岩体质量的具体影响程度。

影响因素考虑越全面，裂隙岩体质量评价指标相互作用关系矩阵精度越高，因此，关系矩阵中主对角线元素应尽可能考虑所有裂隙岩体质量的影响因素。

4.2 节在建立评价指标体系时，对裂隙岩体质量影响因素之间的相互作用关系及其对岩体质量产生的影响进行了详细地分析，在此基础上，选择评价指标体系中 6 个基本评价指标作为主对角线元素，每个评价指标包含多个边坡稳定性影

响因子:

    (1)单轴抗压强度;

    (2)裂隙中点面密度;

    (3)当量隙宽;

    (4)长期稳定性;

    (5)地下水状况;

    (6)动静载荷;

    (7)裂隙面状况。

    工程要求的目标不同(加固和堵水),评价指标也不相同,因此相互作用关系矩阵中主对角线元素也会有较大差异。本文研究对象为裂隙岩体加固和堵水,建立关系矩阵的目的是快速评价指标间相互作用对工程施工效果的影响程度。施工效果的影响因素类型众多,相互影响关系复杂,为定量评价它们之间的相互作用关系,有必要建立评价指标相互作用关系判别准则。

4.4.3 评价指标相互作用关系及其对材料选型的影响

    为定量评价影响因素之间的相互作用关系对"工程要求—材料属性"这一"系统"的影响,根据图4-4所示的定性分析结果对49个非主对角线元素赋值。评价指标对材料最终选型结果的影响关系复杂,难以采用精确的数值计算方法得出其影响关系,一般根据定性判断结果划分等级进行赋值。半定量专家取值法具有敏感性高且易于实施的优点,已在多种系统的关系矩阵法评价中得到应用并被证明能够定量解释系统行为,因此"工程要求—材料属性"评价指标相互作用关系矩阵赋值采用专家取值法,即根据评价指标相互影响程度的大小取0、1、2、3或4,建立的相互作用关系矩阵如图4-4所示。

    关系矩阵中,主对角线元素 $P_i(i = 1, 2, \cdots, 7)$ 表示边坡稳定性评价指标(P_1—单轴抗压强度; P_2—裂隙中点面密度; P_3—当量隙宽; P_4—长期稳定性; P_5—地下水状况; P_6—动静载荷; P_7—裂隙面状况)。评价指标 P_i 所在行的非主对角线元素值 I_{ij} 表示该评价指标作用于评价指标 P_j 对边坡稳定性产生的影响,同样地,评价指标 P_i 所在列的非主对角线元素值 I_{ji},表示评价指标 P_i 作用于评价指标 P_j 对优选结果的影响。

4.4.4 "工程要求—材料属性"评价指标体系的建立

    在裂隙岩体质量影响因素分析的基础上,选择单轴抗压强度、裂隙中点面密度、当量隙宽、长期稳定性、地下水状况、动静载荷以及裂隙面状况7个裂隙岩体质量评价的基本指标,并定性分析了指标间相互作用对岩体质量的影响程度。以此为基础,将材料优选作为一个由多因素相互作用构成的有机系统,采用评价

I_{ij}	I_{i1}	I_{i2}	I_{i3}	I_{i4}	I_{i5}	I_{i6}	I_{i7}	C_i	C_i+E_i	C_i-E_i	$K_i/\%$	P_{II}	P_D
I_{i1}	P_1	2	0	0	1	0	4	7	21	−7	11.67	14.85	−4.95
I_{i2}	3	P_2	1	0	0	1	2	7	20	−6	11.11	14.14	−4.24
I_{i3}	3	2	P_3	2	3	3	4	17	28	6	15.56	19.80	4.24
I_{i4}	1	2	2	P_4	3	4	3	15	21	9	11.67	14.85	6.36
I_{i5}	1	2	3	2	P_5	3	3	14	26	2	14.44	18.38	1.41
I_{i6}	2	2	2	1	2	P_6	4	13	27	−1	15.00	19.09	−0.71
I_{i7}	4	3	3	1	3	3	P_7	17	37	−3	20.55	26.16	−2.12
E_i	14	13	11	6	12	14	20		180		100		

图 4-4　评价指标相互作用关系矩阵编码

指标相互作用关系矩阵，并根据定性分析结果采用半定量专家取值法对关系矩阵赋值，定量分析评价指标相互作用对边坡稳定性系统的影响作用，得到反映指标间相互作用影响程度大小的评价指标权重值（k_i）和评价指标，对优选结果进行排序。

评价指标对优选结果的影响程度是不同的，因此在实际工作中，往往对评价指标进行筛选与优化，去除重复交叉的指标。

当权重值均小于1，且数值较小时，实际应用中将 $100 \times k_i$ 作为评价指标的权重系数，据此，可得到"工程要求—材料属性"评价中评价指标的权重系数：

$$k(P_1, P_2, P_3, P_4, P_5, P_6, P)$$
$$= (11.67, 11.11, 15.56, 11.67, 14.44, 15, 20.25) \qquad (4\text{-}24)$$

可见 $k_1 + k_2 + \cdots + k_7 = 100$。

4.5　工程案例

山东某煤矿1409放顶煤工作面，顶煤破碎，难以维护，造成顶板经常冒落。拟采用化学加固材料进行加固。

4.5.1　工程区域的岩体属性

岩体属性是指水文条件、环境温度和环保特性。其中水文条件决定加固材料是选用亲水材料还是憎水材料；环境温度包括具体的加固工程的环境温度和加固过程中环境不允许超过的温度，它们共同决定了加固材料适用的环境温度和反应温度；环保特性决定对加固材料的环保性能的要求，如能否用于饮水工程、水库大坝、对施工人员是否造成危害等。岩体加固材料所应具备的环境属性是材料应满足的基本条件。根据岩体加固的环境属性和工程要求的属性，列出具体加固工程需求的属性参数，见表4-3。

表4-3　山东某煤矿1409工作面属性参数

属　性	属性参数
水文条件	有少量渗水
环境温度/℃	16~25
反应温度/℃	<100
环保特性	无特殊要求
单轴抗压强度/MPa	>35
黏结强度/MPa	>5
凝固时间/s	<90
发泡倍数	<1.5
可塑性	一般
施工设备与工艺	简单

4.5.2　加固材料性质和材料属性符合度

下面以MINOVA公司的产品为例，列一张基本产品的属性分类表，见表4-4（其他厂家只是品名不同，材料性质是一样的，可以照此形式处理）。

表4-4　加固材料属性分类

属性	加固Ⅰ号	加固Ⅱ号	堵水/加固Ⅰ号	堵水/加固Ⅱ号
亲水性	遇水反应	不与水反应	遇水反应	遇水反应
反应温度	产生高温	不产生高温	产生高温	产生高温
环境温度/℃	21~25反应最好	21~25反应最好	21~25反应最好	21~25反应最好
环保特性	微毒	无毒	无毒	无毒
单轴抗压强度/MPa	>50	45~50	60~80	60~80
黏结强度/MPa	5~10	5~10	10~20	10~20
凝固时间/s	60~80	120~180	40~80	50~120

表 4-4（续）

属性	加固Ⅰ号	加固Ⅱ号	堵水/加固Ⅰ号	堵水/加固Ⅱ号
发泡性	1~3倍（可调）	不发泡	本身不发泡	本身不发泡
可塑性	一般	一般	差	差
施工设备与工艺	简单	简单	简单	简单

为了实现与岩体分级及工程条件相匹配，现对每一属性进行分级，并将分级指标数量化，分级指标及数量化结果见表 4-5。

表 4-5　加固材料属性分级指标及数量化结果

属性		材料属性分级及数量化结果		
单轴抗压强度/MPa	分级	< 30	30~100	>100
	评分值	0	0.5	1
黏结强度/MPa	分级	< 5	5~10	>10
	评分值	0	0.5	1
凝固时间/s	分级	>600	180~600	<180
	评分值	0	0.5	1
亲水性	分级	遇水反应	遇水不反应	
	评分值	0	1	
发泡性	分级	发泡	不发泡，接触水反应发泡	不发泡
	评分值	0	0.5	1
环境温度/℃	分级	< 15	>40	15~40
	评分值	0	0.5	1
反应温度/℃	分级	>70	40~70	20~40
	评分值	0	0.5	1
可塑性	分级	差	一般	好
	评分值	0	0.5	1
施工设备与工艺	分级	复杂	一般	简单
	评分值	0	0.5	1
环保特性	分级	有毒	微毒	无毒
	评分值	0	0.5	1

根据具体加固工程需要的属性参数表，逐一计算出各加固材料的各项属性参

数与具体加固工程需要的属性参数的符合度（表4-6），最终按照各项属性权重（表4-7），计算出按照性能最优的符合度顺序表（表4-8）。

表4-6 "工程要求—材料属性"符合度

属性	加固Ⅰ号	加固Ⅱ号	堵水/加固Ⅰ号	堵水/加固Ⅱ号
亲水性	0	1	0	0
环境温度	0	1	0	0
反应温度	1	1	1	1
环保特性	1	1	1	1
单轴抗压强度	1	1	1	1
黏结强度	1	1	1	1
凝固时间	1	1	1	1
发泡倍数	1	1	1	1
可塑性	1	1	0	0
施工设备与工艺	1	1	1	1
综合评分值	0.85	1	0.75	0.75

表4-7 山东某煤矿1409工作面加固工程属性权重

属性	亲水性	环境温度	反应温度	环保特性	单轴抗压强度	黏结强度	凝固时间	发泡倍数	可塑性	施工设备与工艺
权重	0.1	0.05	0.05		0.3	0.1	0.2	0	0.1	0.1

表4-8 性能最优的符合度顺序表

材料名称	加固Ⅱ号	加固Ⅰ号	堵水/加固Ⅰ号	堵水/加固Ⅱ号
综合评分值	0.85	1	0.75	0.75

4.5.3 确定最优材料

根据表4-8进行合理性计算，确定最优的材料类别。

充分考虑4种材料的市场价格，4种材料的市场价格见表4-9，并再次确认具体加固工程对加固材料性能的要求，加固Ⅰ号、加固Ⅱ号都能达到工程要求，但加固Ⅱ号价格低，进行经济合理性计算，加固Ⅱ号达到了技术经济最优。最后确定对于该加固工程，最优的材料为加固Ⅱ号。

表 4-9　加固材料的市场价格

材料名称	加固Ⅱ号	加固Ⅰ号	堵水/加固Ⅰ号	堵水/加固Ⅱ号
价格/(元·吨⁻¹)	25000	30000	38000	35000

经现场工作人员施工和技术人员检查施工效果，认为使用该材料后顶煤得到有效控制，灌注该材料可以有效地将破碎顶煤加固为一个整体，减少顶煤和直接顶岩石冒落带来的一系列危害。

第 5 章　裂隙岩体化学加固和堵水材料智能决策系统的研究

5.1　系统开发的目的与原则

为了在工程中指导现场操作人员，减少他们由于材料选择与工程要求不匹配而引起的二次灾害，借助计算机技术研制裂隙岩体化学加固和堵水材料优选方法。该系统主要是用于裂隙岩体的工程治理为目的，以此为基础，检索化学材料数据库，基于"工程要求—材料属性"理论，优选出满足工程要求的加固、堵水材料。因此，该软件在开发时需满足如下原则：

（1）严格化原则；

（2）分割化原则；

（3）模块化原则；

（4）抽象化原则；

（5）预期变动原则。

5.2　软件开发平台

本软件采用 Windows 系列操作系统作为软件开发环境，以 Visual Basic 为软件开发平台，具有如下特点：

（1）Visual Basic 为面向对象编程语言，它集成了功能强大的文本编辑器、资源编辑器、项目生成器、集成调试器、优化编译器、链接器等多种多样的可视化编程工具，可以大大提高软件的设计能力和开发速度。

（2）Visual Basic 语言能够轻松实现数据库的调用。具有很强的数据库访问能力，不但能方便处理小型数据库中的数据，还可以轻松访问大中型数据库中的数据。数据库是裂隙岩体化学加固和堵水材料优选方法的源泉，本软件的最终的目的就是为实现对材料的优选。

（3）Visual Basic 语言编制的软件具有维护方便的特点。由于该优选系统为基本功能的实现，随着实践的进行，需要较多的功能扩充与维护。在实际工程操作中，可输入多个评价指标来指导对裂隙岩体化学加固和堵水材料的优选。

5.3　软件系统分析和开发流程

裂隙岩体化学加固和堵水材料优选方法是以工程要求为基础，基于数量化理论，通过访问查询裂隙岩体化学加固和堵水材料数据库，来实现对裂隙岩体化学加固和堵水材料的优选。下面从需求分析和系统设计两方面来阐述裂隙岩体化学加固和堵水材料优选方法的架构。

5.3.1　需求分析

所研制的裂隙岩体化学加固和堵水材料优选方法的功能具体要求如下：

（1）实现两种不同权限用户的登录——普通用户和管理级用户，前者只能进行基本功能应用，而后者可以进行主界面的所有项目。

（2）实现岩体基础数据的录入功能。

（3）实现对岩体质量的分级功能。

（4）实现对加固和堵水材料数据库的维护功能。

（5）实现"工程要求—材料属性"的优选功能。

（6）实现对施工方案的建议功能。

（7）实现查看软件信息的功能。

5.3.2　系统设计

裂隙岩体化学加固和堵水材料优选方法总体分 4 个模块，即裂隙岩体质量分级模块、化学加固和堵水材料数据库模块、化学加固和堵水材料优选模块、系统维护模块。其中第一个模块是基础，第二个模块是源泉，第三个模块是目的，三者构成一个有机的整体，第四个模块是维持系统有机整体的保障。

普通用户登录系统，进行基础功能的应用，对岩体基础数据（单轴抗压强度、当量裂隙度）实现录入，系统对裂隙岩体质量具体分级，进而对加固体和堵水体进行分级，再通过访问化学材料数据库，优选出以工程要求为基础的裂隙岩体化学加固和堵水材料。其功能结构如图 5-1 所示。

裂隙岩体化学加固和堵水材料优选流程图如图 5-2 所示。

5.4　"工程要求—材料属性"数据库的建立方法

随着计算机技术的发展，基于第 3 章对裂隙岩体质量分级评价的研究，建立裂隙岩体工程属性数据库。

到目前为止，能够用于岩体加固和堵水的化学材料有六大系列，几十个种

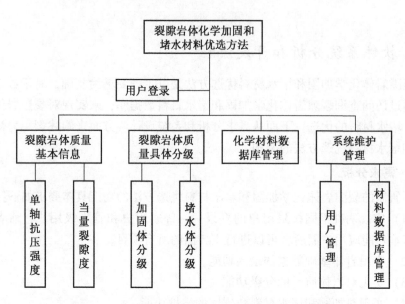

图 5-1　裂隙岩体化学加固和堵水材料优选方法结构

类，上千种材料。它们成分各异、性质复杂，适用条件更是千差万别。在具体的工程实践中，如果对每种化学材料性质没有详尽的了解，快速选择出性能最优、经济合理、安全可靠、环境许可的材料是十分困难的。建立化学加固和堵水材料数据库，为裂隙岩体快速化学加固和堵水材料优选系统的编制奠定基础。

5.4.1　数据管理系统

数据库是存储在一起的相关数据的集合。相关数据无论其记录类别是否相同，均可存储在一起形成一个数据的有机整体。因此，数据库可以描述更加复杂的信息结构，也可以充分反映客观事物之间的相互关系。数据库是目前数据组织的最高形式，也是应用最广泛的数据组织的管理方法与技术。

在数据库中，数据具有良好的组织结构，由一种公用的方法进行管理，即采用数据库管理系统（Data Base Management System，简称 DBMS）。因此数据可供多个用户调用，在很大程度上体现了数据与应用程序及用户间的独立性，实现了数据资源的共享，并且数据的冗余小，可靠性高，安全性好。所以数据库为信息处理提供了一种良好的数据组织形式。数据库中的数据与应用程序及用户之间的关系如图 5-3 所示。

在管理信息系统中，要对大量的数据进行处理，首先要弄清楚现实世界中事物及事物间的联系，然后再逐步分析、变换，得到系统可以处理的形式。因此对客观世界的认识、描述是一个逐步的过程，有层次之分，它们可以分为现实世

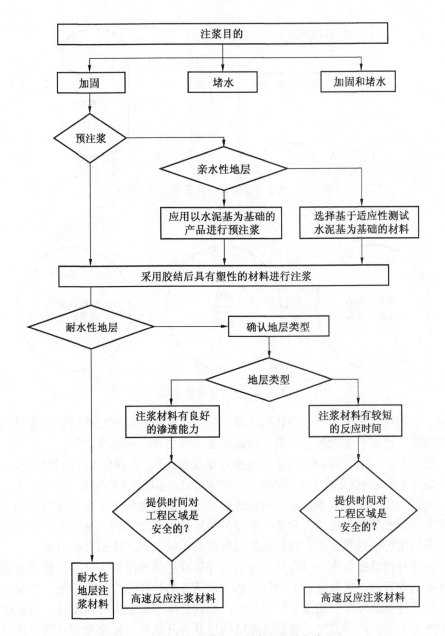

图 5-2 裂隙岩体化学加固和堵水材料优选流程

界、信息世界、数据世界三个层次。三个层次间的关系可用图 5-4 表示。

　　由此可以看出，客观世界及其联系是信息之源，是组织和管理数据的出发点，同时也是使用数据库的归宿。信息模型和数据模型是对客观世界的两级抽象

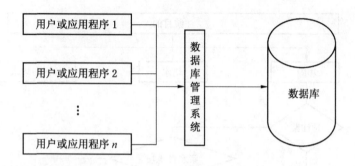

图 5-3 数据与应用程序及用户之间的关系

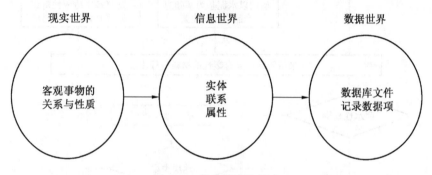

图 5-4 客观描述的层次

描述。在数据管理中，核心是数据模型，但为了弄清数据模型必须首先充分认识客观世界，形成信息模型。否则，数据库就会失去存在的意义。

迄今为止，数据库技术发展到了数据仓库技术水平。数据仓库是一个为决策支持系统提供支撑的数据集合，这些数据具有面向对象、集成性与时间相关性等特点。

数据仓库中的数据不是简单的传统数据库中的数据堆积，也不是简单的选择一个工具下载数据的过程，它是一个复杂的容纳数据集成的系统工程。虽然数据仓库不同于传统的数据库，但是其数据仍然由传统数据库中的数据组成。

通过查询数据仓库获得的信息可以指导管理者做出决策，这些信息通常被认为具备商业智能。从数据仓库中提取和获取信息的过程称为数据挖掘，数据仓库是决策支持系统和知识挖掘系统的基础，数据仓库中的数据可信度将直接影响后续系统的工作。简而言之，数据仓库结构性具有开放性，是企业信息资源按某种方式的聚合；同时具备一致的、可重复使用的加载数据接口，并提供将数据转化为信息的工具。

5.4.2 数据库建设软件的选用

目前用于数据库建设的软件很多，如 Access、FoxPro、Oracle、SQL

Server 等。

Access 是 Microsoft 公司开发的基于 Windows 环境下的比较流行的桌面型数据库管理系统。它的使用非常简单，它提供了表生成器、查询生成器、报表设计器、窗体设计器、项目管理器、宏设计器等众多便捷的可视化设计工具，使用者基本不用编写任何代码，仅通过可视化的操作，运用一些直观的工具即可完成数据库的大部分管理任务。

在 Microsoft Access 数据库中，包括了存储信息的表、显示人机交互界面的窗体、快速检索数据的查询、能进行信息输出的报表、提高数据库应用效率的宏和功能强大的模块编写工具等数据库系统的基本要素。不仅如此，Access 还是一个面向对象的、采用事件驱动的关系型数据库管理系统。它符合开放式数据库互接 ODBC（Open Database Connectivity）标准，通过 ODBC 驱动程序可以与其他的数据库相连。例如，它可以作为企业级数据库 SQL Server 的前端程序，通过 Access 项目连接到 SQL Server 数据库。作为数据库的高级开发人员，Access 数据库允许使用 VBA（Visual Basic for Application）语言作为其应用程序开发工具。这可以使高级用户开发功能更为复杂完善的应用程序。

除此之外，作为 office 的组件之一，它还能够与 Word、Excel、Outlook、Frontpage 等软件进行数据交换，实现数据共享。

基于以上特点，选择关系型数据库 Microsoft Access 为载体存储加固和堵水化学材料数据。

5.4.3　裂隙岩体工程要求数据库的数据结构

为真实反映岩体所处状况，裂隙岩体工程属性数据库以单轴抗压强度、当量裂隙度、结构面状况、地下水状况、长期稳定性、动静载荷为依据，收录和储存岩体工程基本属性数据。本系统以关系型数据库 Microsoft Access 为载体，存储岩体属性各项指标数据，其数据结构见表 5-1。

表 5-1　工程属性数据库数据结构

序号	字段名	序号	字段名
1	编号	8	黏度
2	单轴抗压强度	9	毒性
3	当量裂隙度	10	适宜温度
4	长期稳定性	11	反应温度
5	岩体结构	12	阻燃特性
6	地下水状况	13	最大黏结强度
7	动静载荷		

5.4.4 加固和堵水化学材料数据库的数据结构

加固和堵水化学材料产品数据主要包括四个方面：产品基本信息数据、产品的环境属性信息、产品的工程属性信息、为用户提供实际的选型帮助信息。本系统以关系型数据库 Microsoft Access 为载体，存储各化学材料的数据，其数据结构见表5-2。其最终在 Access 中的数据实现，如图5-5所示。

表5-2　化学材料数据库数据结构

序号	字段名	序号	字段名	序号	字段名
1	产品编号	9	毒性	17	开始反应时间
2	产品名称	10	适宜温度	18	终止反应时间
3	批准号	11	反应温度	19	最大扩散半径
4	成分类型	12	阻燃特性	20	可塑性
5	生产商/销售商	13	单轴抗压强度	21	施工设备与工艺
6	外观	14	最大黏结强度	22	应用建议
7	密度	15	亲水性		
8	黏度	16	发泡因子		

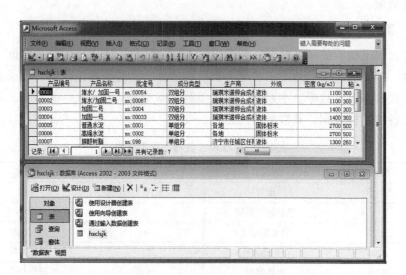

图5-5　加固和堵水材料数据库

5.5 系统功能展示

启动程序出现如图 5-6 所示的系统登录界面，系统权限需要输入用户名及密码，输入错误次数超过三次，自动关闭系统，输入正确，弹出登录成功提示框，显示优选系统的主窗体。

图 5-6　系统登录界面

图 5-7　裂隙岩体化学加固和堵水材料优选系统主界面

主窗体的上方为优选系统的菜单栏，包括基本岩体质量数据、当量裂隙度、具体岩体质量数据、加固和堵水材料数据库、系统维护、帮助及退出等模块。通过点击菜单进入各系统模块进行操作，如图5-7所示。

1. 基本岩体质量数据

把在工程现场施工区域调查得到的岩体基本属性（单轴抗压强度和当量裂隙度）输入裂隙岩体化学加固和堵水材料优选方法，以此作为优选系统的基础和出发点。其中当量裂隙度又分为相交型裂隙数目、包含型裂隙数目、工程区域半径及当量隙宽。图5-8为裂隙参数设置，图5-9为岩体质量基本参数设置。

图 5-8　裂隙参数设置

2. 当量裂隙度

当量裂隙度作为裂隙岩体质量分级的重要参数，直接反映岩体的破碎程度和质量，它的计算首先是裂隙参数，具体参数设置如图5-8所示。

3. 具体岩体质量数据

选定工程目的后，程序自动弹出加固体或堵水体的对话框，分别对长期稳定性、动静载荷及地下水情况、裂隙面粗糙程度进行设置。如图5-10和图5-11所示。

4. 优选结果

基于"工程要求—材料属性"理论，系统会根据具体的工程目的优选出所有符合工程要求条件的材料。如图5-12所示。

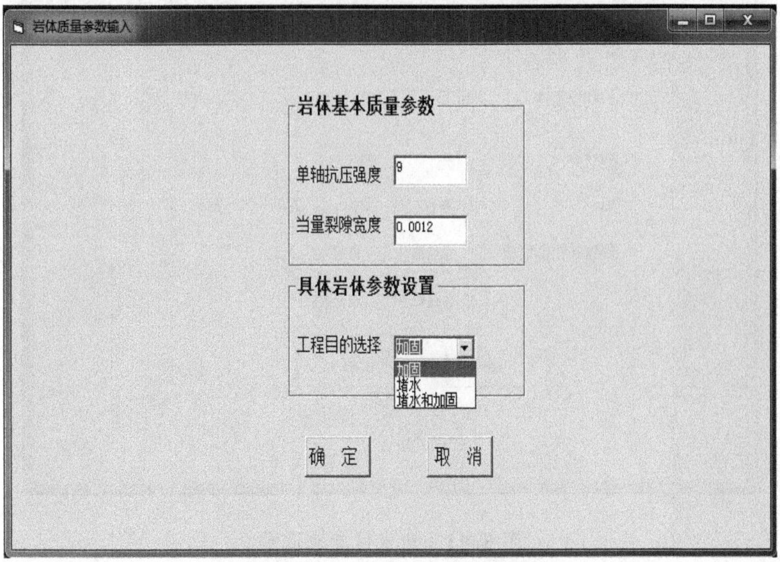

图 5-9 裂隙岩体质量基本参数设置

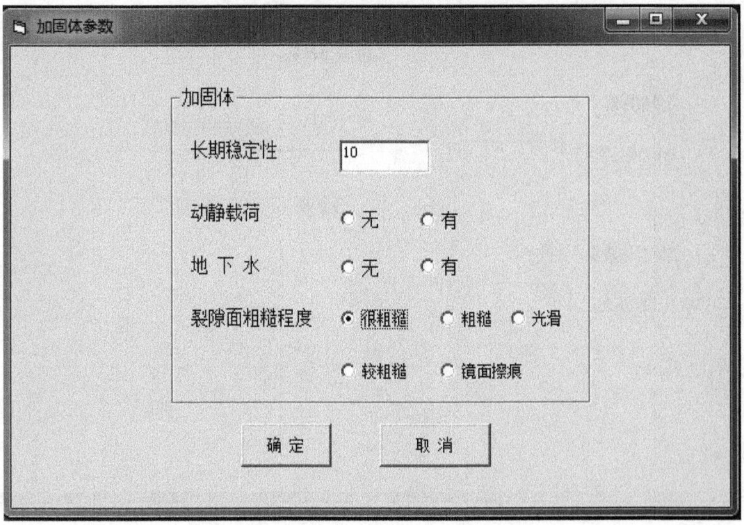

图 5-10 加固体参数设置

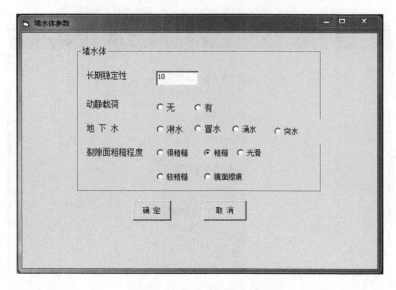

图 5-11　堵水体参数设置

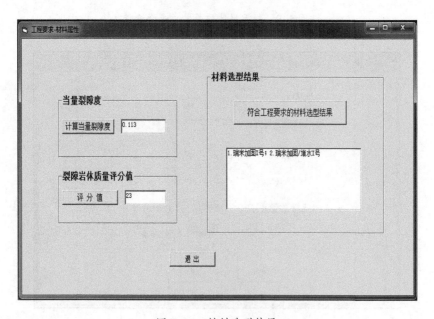

图 5-12　材料选型结果

5. 系统维护

　　主要是数据库的增加、删除、修改以及登录权限的密码管理。通过维护使系统更加完善，也就是遵循了软件的逐步完善化原则。

第6章 岩体加固和堵水效果电化学检测方法的研究

6.1 岩体注浆加固和堵水电化学检测理论概述

6.1.1 岩体材料的激发特征

1. 岩体的电学性质

岩体中电流的来源很多, 如矿物的化学作用、不同岩体的温度差、电气设备的漏电等, 这种电流都是局部的, 强度也比较弱。

1) 岩体的导电性

岩体的导电性是表征岩体被电流通过的能力, 用导电率 σ 和电阻率 ρ 来表示, 如下:

$$\rho = \frac{1}{\sigma} = \frac{RS}{L} \tag{6-1}$$

式中　R——岩体试样的总电阻;

　　　S——通过电流的试样面积;

　　　L——试件的长度。

电阻率在数值上等于单位面积试件的总电阻。

岩体的导电性和电阻率具有复杂、易变的特性, 它们与许多因素有关, 其中岩体的矿物成分、分散度、结构构造特点、孔隙溶液的化学成分和浓度以及温度是最重要的因素。

组成岩体的矿物导电性在属性和数值方面各不相同。矿物的电阻率从 $10^{-3} \sim 10^{14} \ \Omega \cdot m$ 或更大。岩体的导电性在很大程度上取决于含水率以及孔隙溶液的成分和浓度。在多孔的沉积岩中可以观察到导电性随含水率的提高而发生较大变化。岩体的导电性也与其结构特点, 如颗粒的排列形式、总孔隙率、导电混杂物的存在及形式、分布特点等有关。一般用下式来表示岩体的电阻率与孔隙率的关系:

$$\rho = \rho_u \frac{2 + n}{2(1 - n)} \tag{6-2}$$

式中　　ρ_u——岩体固相的电阻率；

　　　　n——孔隙率，用小数表示。

　　大多数岩体，尤其是层状岩和变质岩，均以电学上的各向异性为特征，层状岩体的导电性，通常比垂直于层理方向的高。岩体这种性质的各向异性系数表示如下：

$$\lambda = \sqrt{\frac{\rho_1}{\rho_2}} \tag{6-3}$$

式中　　ρ_1、ρ_2——垂直于层理和平行于层理的岩体的电阻率。其值石灰岩为 1 ~
　　　　　　1.30，砂岩为 1.02~1.30，片岩为 1.10~2.75。

　　岩体的导电性在很大程度上取决于温度。岩体的电阻率随着温度的升高而降低，从而也促使导电性提高。岩体的导电性在一定程度上也取决于传递到岩体上的外部压力，随着压力增大其导电性相对提高。

　　2）岩体的介电常数

　　介电常数是表征岩体导电性质的主要指标，它表明在该介质中作用于任何电荷上的电力比真空中低若干倍。岩体介电常数取决于固体、液体和气体的成分和它们在单位体积岩体中的比例关系、岩体的结构特点、极化场的频率、温度和压力。

　　2. 岩土的激发极化机理

　　谱激电法是以岩矿电阻率的频谱特性差异为基础的一种测量方法，自 20 世纪 80 年代以来，被广泛应用在石油工业、环境和水文地质学等领域。为了有效地应用激发极化法，人们对岩矿产生激发极化效应的机理进行了广泛研究，一致认为电子导体和离子导体产生激发极化的机理不一样，并且都与两相界面的双电层有关。

　　在异相界面间就存在着上述的电层。根据在空间上分布的特征要点，可以归结为离子产生的，偶极产生的，以及吸纳附着产生的界面电层。而岩矿石的双电层以离子双层为主，并且离子双层电位差对岩土材料的激发极化有着重要影响。

　　因为双电层中的剩余电荷可以随时改变，因而界面区电位差也可以任意改变，即它相当于一个能储存电荷的系统，具有电容的特性。如果将其双电层比拟成一个平行的板电容器，则电极与溶液界面间的两层剩余电荷相当于电容器的两个板，根据物理学，其电容为

$$C_i = \frac{\varepsilon_0 \varepsilon_r}{l} \tag{6-4}$$

式中　　l——电容器两板间距离，m；

　　　　ε_0——真空介电常数，F/m；

ε_{r}——相对介电常数。

但是，双电层与一般平行板电容不同，它的电容值不是恒定的，常随电位变化。所以给双电层电容下定义时，只能用导数的形式来表示，称为未微分电容，即

$$C_{\mathrm{d}} = \left(\frac{\partial \sigma}{\partial \varphi}\right)_{\mu} \tag{6-5}$$

式中　σ——电极表面剩余电荷，C/m^2；

$\qquad$ φ——电极电位，V；

$\qquad$ μ——电化学电势。

3. 岩土的激发极化模型

1）Cole-Cole 模型

不同岩矿石的成分、含量、结构构造以及产出条件不同，激发极化效应在细节上也不尽相同。为此，人们把它们简化为一定的模型，并把相关的性质归纳为几个电学参数，以便研究。模型的建立有两种，一种是通过观察和实验建立起来的模型（经验模型），另一种是根据理论知识建立起来的模型（理论模型）。经过长期的比较发现，大多采用的是 Cole-Cole 模型。

Cole-Cole 模型是库尔兄弟模拟电解质的介电性质时提出来的，20 世纪 70 年代，PeltonW H 把这一模型应用在表示岩矿石的激发极化上，其在频域的数学表达式为

$$Z(w) = Z(0)\left\{1 - m\left[1 - \frac{1}{1 + (j\omega\tau)^{c}}\right]\right\} \tag{6-6}$$

$$Z(0) = R_1$$

$$m = 1 - \frac{Z(\infty)}{Z(0)} = \frac{R_0}{R_0 + R_1}$$

$$\tau = x\left(\frac{R_0}{m}\right)^{\frac{1}{c}}$$

$$x = \tau\left(\frac{m}{R_0}\right)^{\frac{1}{c}}$$

式中　　　$Z(0)$——频率等于零时的 Cole-Cole 阻抗；

$\qquad$ m——充电率，即时域中的极化率；

$\qquad$ τ——描写激发极化过程迟缓性的时间常数；

$\qquad$ c——频率相关系数，其取值范围在 $0\sim1$ 之间，一般 $0.1 < c < 0.6$，典型值 $c = 0.25$。

R_0——纯离子通道的电阻；

R_1——离子溶液和电子导体共同的电阻；

$p = (j\omega\tau)^{-c}$——电子导体和离子溶液界面上发生激发极化效应引起的附加电阻。当角频率 $\omega\rightarrow0$ 时，$p\rightarrow\infty$；反之，当角频率 $\omega\rightarrow\infty$ 时，$p\rightarrow0$。

将 Cole-Cole 表达式写成指数形式：

$$(j\omega\tau)^c = (\omega\tau)^c e^{\frac{jc\pi}{2}} = (\omega\tau)^c\left(\cos\frac{c\pi}{2} + j\sin\frac{c\pi}{2}\right)$$

令

$$R = 1 + (\omega\tau)^c\cos\frac{c\pi}{2}$$

$$I = (\omega\tau)^c\sin\frac{c\pi}{2}$$

可化为

$$(j\omega\tau)^c = R - 1 + jI$$

代入式（6-6），得

$$Z(\omega) = Z(0)\left[1 - m\left(1 - \frac{1}{R + jI}\right)\right]$$

$$= Z(0)\left[1 - m + \frac{mR}{R^2 + I^2} - j\frac{mI}{R^2 + I^2}\right]$$

用上式即可推导出复电阻率的虚部、实部、相位角和振幅的表达式。

虚部表达式：

$$Z''(\omega) = -Z(0)\frac{mI}{R^2 + I^2}$$

$$= \frac{-Z(0)m(\omega\tau)^c\sin\frac{c\pi}{2}}{1 + 2(\omega\tau)^c\cos\frac{c\pi}{2} + (\omega\tau)^{2c}}$$

实部表达式：

$$Z'(\omega) = Z(0)\left(1 - m + \frac{mR}{R^2 + I^2}\right)$$

$$= Z(0)\left[1 - m\frac{(\omega\tau)^c\cos\frac{c\pi}{2} + (\omega\tau)^{2c}}{1 + 2(\omega\tau)^c\cos\frac{c\pi}{2} + (\omega\tau)^{2c}}\right]$$

相位角表达式：

$$\varphi(\omega) = \arctan \frac{Z''(\omega)}{Z'(\omega)}$$

$$= \arctan \frac{-m(\omega\tau)^c \sin\dfrac{c\pi}{2}}{1 + (2-m)(\omega\tau)^c \cos\dfrac{c\pi}{2} + (1-m)(\omega\tau)^{2c}}$$

振幅表达式：

$$|Z(\omega)| = \left[Z'(\omega)^2 + Z''(\omega)^2 \right]$$

$$= Z(0) \left[(1-m)^2 + \frac{2(1-m)mR}{R^2 + I^2} + 1 \right]^{1/2}$$

$$= Z(0) \left[\frac{1 + 2(1-m)(\omega\tau)^c \cos\dfrac{c\pi}{2} + (1-m)^2(\omega\tau)^{2c}}{1 + 2(\omega\tau)^c \cos\dfrac{c\pi}{2} + (\omega\tau)^{2c}} \right]^{1/2}$$

2）Cole-Cole 模型在复平面中的形态

把复电阻率频谱绘制在复平面中，得到的图形称为 Nyquist 图。把 Cole-Cole 模型进行变换如下：

$$Z(w) = Z(0) \left\{ 1 - m \left[1 - \frac{1}{1 + (j\omega\tau)^c} \right] \right\}$$

$$= Z(0)(1-m) + \frac{Z(0) - Z(0)(1-m)}{1 + (j\omega\tau)^c}$$

$$= Z(\infty) + \frac{Z(0) - Z(\infty)}{1 + (j\omega\tau)^c}$$

由上式可得

$$\frac{Z(0) - Z(\omega)}{Z(\omega) - Z(\infty)} = (j\omega\tau)^c \tag{6-7}$$

由此可知，在复平面中，复电阻率的 Cole-Cole 表达式的矢量端点轨迹为一圆弧。

3）岩矿石的 Cole-Cole 参数及影响因素

岩体的激发极化法是根据不同类别的岩矿石的 Cole-Cole 参数间的差异来识别的。不同类别的 Cole-Cole 参数间的差异是激发极化法的基础。资料对不同类别的岩矿石的 Cole-Cole 参数和主要影响因素做了一定的研究。

（1）极化率和时间常数。影响岩矿石极化率和时间常数数值的主要因素是导电矿物的含量和结构，如导电矿物颗粒的大小、形状和连通情况等。

（2）频率相关系数。电子导体界面复阻抗的频谱测量得到的频率相关系数接近 0.5，这表明极化电极表面的阻抗具有典型的扩散方式，即 Warbury 阻抗。人工制造的岩矿石频率相关系数大致等于 0.5，但现场岩矿石的频率相关系数在 0.1~0.6 之间，常见值是 0.25，其原因可归结为岩矿石不是由互不影响的单一形状、尺寸的导电颗粒物组成。

（3）电阻率。一般来讲，岩矿石的电阻率与其所含的导电矿物的含量和结构有着密切关系，但主要还是取决于这些导电矿物彼此的连通情况，即取决于岩矿石的结构。

6.1.2　岩土的电化学阻抗谱

1. 岩体的电化学阻抗谱理论

电化学阻抗谱法是通过在输入端释放类似于正弦波动的电信号，然后在接收端提取被扰动后的反馈信息的一种方法。如果以交流电作为扰动信号，则频响函数称为交流阻抗。岩体等材料的物理性质对我们来说是一个"黑箱"，要想知道其内部结构、成分以及力学性质，则需要采取一系列的手段，人们常用的方法有力学实验、X 射线衍射、扫描电镜、差热分析、表面原子力显微镜等，它们的共同特点是在岩体上建立一个输入端和一个输出端，在输入端输入一个扰动信号，就能从岩体的输出端得到一个信号输出。人们通过研究这种关系来探知岩体的性质，一般用下式来表示对岩体的扰动与岩体对扰动的响应之间的关系：

$$Y = H(s)X \tag{6-8}$$

式中　　　X——扰动函数；

　　　　　Y——响应系数；

　　$H(s)$——传递函数（由岩体本身的性质决定）。

为了研究岩体的不同性质和相互验证结论的真实性，人们采用不同的手段对岩体进行测试，得出一系列传递函数来表征岩体的性质，如力学试验中的模量和泊松比是把应力和应变作为扰动函数和响应函数而得出的传输函数。

如果我们把正弦波变频电流信号作为 X，而 Y 为正弦变频电压信号，那么 $H(s)$ 就是岩体阻抗谱（Impendance）。此时频率的函数称为频响函数。频响函数反映的频响特征是由岩体内部结构决定的。

在电化学中，阻抗用复变函数表示，是频率 f 或其角频率 ω 的函数，一般用符号 Z 表示阻抗，它的一般表达式为

$$Z(\omega) = Z'(\omega) + jZ''(\omega) \tag{6-9}$$

式中，$j = \sqrt{-1}$；Z' 表示阻抗 Z 的实部；Z'' 表示阻抗 Z 的虚部。

在电化学阻抗谱图中运用到的阻抗是一个有大小、有方向的量纲。测试后得到的阻抗谱图是以阻抗的实部 Z' 作为横轴，而它的虚部 Z'' 作为纵轴，然后将整个阻抗平面图表示在两部组成的坐标系上，它们阻抗的模值的大小 $|Z|$ 可以表示从原点 O 到点 $(Z',\ Z'')$ 坐标的矢量长度，如图 6-1 所示 [图中 φ_z 为阻抗的幅角（或相位角）]。这种图称为奈奎斯特（Nyquist）图。

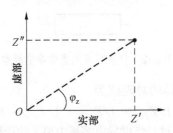

图 6-1 频响函数的阻抗平图

表示阻抗频谱特征的另一种方法是以 $\lg f$（或 $\lg \omega$）为横坐标，分别以 $\lg|Z|$、其相位角元素 φ 作为纵坐标来描绘两者间的关系，并把这种关系制作成两条圆滑的曲线表示在坐标系中，称为波特图（Bode）。

2. 关于岩体阻抗谱理论的分析

通过岩体基本微观结构来考察岩体内部电流通过的路径，发现交变电流作用于岩体试样时，在岩体试样中有不同的通过路径，其具体表现为：

（1）由于岩体表面的粗糙程度不同，电解液会在岩体表面附着一层，在掩饰的凸凹间附着不同的电解溶液，浸在岩体表面的电解溶液在凹区是相同的，并呈环状相同，所以这种路径的导电性能较好，并具有电感的特性，这种导电路径称为表面导电路径（SCP）。

（2）岩体中连通孔隙在导电溶液作用下，具有较强的导电性能，这种导电路径被称为连续导电路径（CCP）。

（3）岩体中不连通孔隙在导电溶液作用下，两端的导电溶液和中间相对不导电的岩体固体部分形成平行板电容，这种导电路径称为不连续导电路径（DCP）。

（4）岩体中的固体部分在较低的电压作用下，可以看为不导电体，这种导电路径称为绝缘路径（ICP）。

根据上述各种导电路径的模型，可知它们之间的关系为并联，根据物理抽象出导电模型，如图 6-2 所示。在图 6-2 中，Z_{SCP} 表示表面导电路径阻抗，Z_{CCP} 表示连续导电路径阻抗，Z_{DCP} 表示不连续导电路径阻抗、Z_{ICP} 表示绝缘路径阻抗。

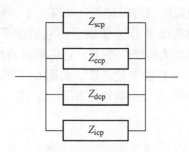

图 6-2　抽象出来的岩体导电模型

由图 6-2 可以得出岩体的总阻抗为

$$Z = 1/(1/Z_{SCP} + 1/Z_{CCP} + 1/Z_{DCP} + 1/Z_{ICP}) \qquad (6-10)$$

从理论上讲，电流的通过是借助导电溶液中离子的迁移来完成的，而且电流总是试图通过最短的路径来传播。所以，在很小的扰动下，岩体试样只有充满电解质溶液才能测出它的微观结构特征。再根据图 6-2 得出体积弧等效电路，如图 6-3 所示。

如果考虑岩体内部界面的双电层电容和孔隙溶液浓度变化的扩散反应来建立整个岩样的等效图，如图 6-4 所示。

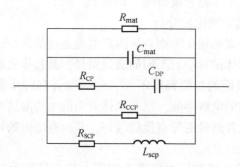

图 6-3　岩体高频段等效电路图

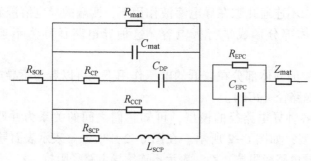

图 6-4　岩体阻抗谱的等效电路图

根据前面分析，我们关注的焦点是高频弧段。当和较小时，即岩体的孔隙中充填一定量的电解液时，岩体固体部分的电阻就应该被忽略。同时岩样两边的电极由于中间连接了导电溶液，所以电容也应该被忽略。据此建立的等效电路如图6-5所示。图6-5所示电路的总阻抗为

$$Z = R_\mathrm{s} + \cfrac{1}{\cfrac{1}{R_\mathrm{CP} - j\dfrac{1}{\omega C_\mathrm{DP}}} + \cfrac{1}{R_\mathrm{CCP}} + \cfrac{1}{R_\mathrm{SCP} + j\omega L_\mathrm{SCP}}} = \qquad (6\text{-}11)$$

$$R_\mathrm{s} + \cfrac{R_\mathrm{CP}R_\mathrm{CCP}R_\mathrm{SCP} + \dfrac{R_\mathrm{CCP}L_\mathrm{SCP}}{C_\mathrm{DP}} + j\omega R_\mathrm{CP}R_\mathrm{CCP}L_\mathrm{SCP} - j\dfrac{R_\mathrm{CCP}R_\mathrm{SCP}}{\omega C_\mathrm{DP}}}{R_\mathrm{CP}R_\mathrm{CCP} + R_\mathrm{CCP}R_\mathrm{SCP} + R_\mathrm{CP}R_\mathrm{CCP} + \dfrac{L_\mathrm{SCP}}{C_\mathrm{DP}} + j\omega L_\mathrm{SCP}(R_\mathrm{CP} - R_\mathrm{CCP}) - j\dfrac{1}{\omega C_\mathrm{DP}}(R_\mathrm{CCP} + R_\mathrm{SCP})}$$

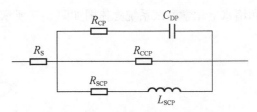

图 6-5　岩体微观结构等效电路

在高频条件下，ω 很大，忽略 $1/\omega$ 项，可得

$$Z = R_\mathrm{s} + \cfrac{R_\mathrm{CP}R_\mathrm{CCP}R_\mathrm{SCP} + \dfrac{R_\mathrm{CCP}L_\mathrm{SCP}}{C_\mathrm{DP}} + j\omega R_\mathrm{CP}R_\mathrm{CCP}L_\mathrm{SCP}}{R_\mathrm{CP}R_\mathrm{CCP} + R_\mathrm{CCP}R_\mathrm{SCP} + R_\mathrm{CP}R_\mathrm{CCP} + \dfrac{L_\mathrm{SCP}}{C_\mathrm{DP}} + j\omega L_\mathrm{SCP}(R_\mathrm{CP} - R_\mathrm{CCP})} \qquad (6\text{-}12)$$

可知岩体体积弧高频段为一段感抗弧。

在低频条件下，ω 很小，忽略 ω 项，可得

$$Z = R_\mathrm{s} + \cfrac{R_\mathrm{CP}R_\mathrm{CCP}R_\mathrm{SCP} + \dfrac{R_\mathrm{CCP}L_\mathrm{SCP}}{C_\mathrm{DP}} - j\dfrac{R_\mathrm{CCP}R_\mathrm{SCP}}{\omega C_\mathrm{DP}}}{R_\mathrm{CP}R_\mathrm{CCP} + R_\mathrm{CCP}R_\mathrm{SCP} + R_\mathrm{CP}R_\mathrm{CCP} + \dfrac{L_\mathrm{SCP}}{C_\mathrm{DP}} - j\dfrac{1}{\omega C_\mathrm{DP}}(R_\mathrm{CCP} + R_\mathrm{SCP})} \qquad (6\text{-}13)$$

可知岩体体积弧低频段为一段容抗弧。由此得出岩体体积弧部分的理论Nyquist图，如图6-6所示。

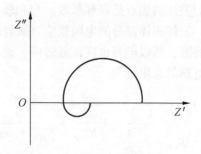

图 6-6　岩体阻抗谱体积弧部分的理论示意图

6.2　岩体化学加固和堵水电化学测试系统

6.2.1　岩体化学加固和堵水电化学测试系统的设计

岩体化学加固和堵水电化学测试系统立体图如图 6-7 所示。

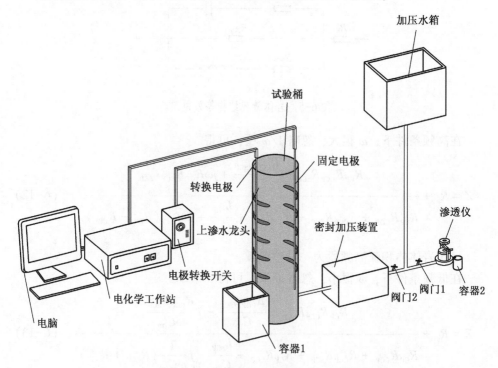

图 6-7　岩体化学加固和堵水电化学测试系统立体图

岩体化学加固和堵水电化学测试系统三视图如图 6-8 所示。

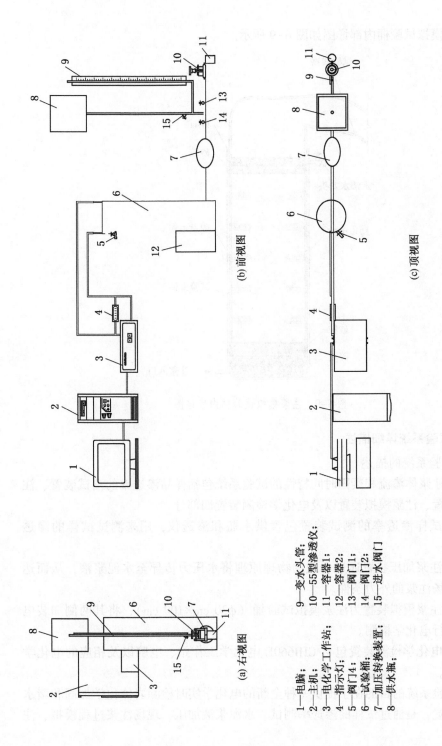

1—电脑;
2—主机;
3—电化学工作站;
4—指示灯;
5—阀门4;
6—试验桶;
7—加压转换装置;
8—供水瓶;
9—变水头管;
10—55型渗透仪;
11—容器1;
12—容器2;
13—阀门1;
14—阀门2;
15—进水阀门

(a) 右视图

(b) 前视图

(c) 顶视图

图6-8　岩体化学加固和堵水电化学测试系统三视图

注浆模拟试验桶内部详图如图 6-9 所示。

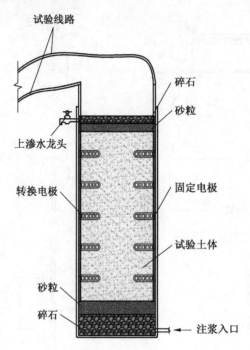

图 6-9　注浆模拟试验桶内部详图

6.2.2　试验系统详细描述

1. 试验系统的描述

测试注浆体渗流和凝固时间特性的试验系统包括样品渗透率的测试装置、注浆加压装置、注浆模拟装置以及电化学检测装置四部分。

（1）试样渗透率的测试装置包含供水瓶和渗透仪，用来测试试样的渗透系数。

（2）注浆加压装置通过合理的物理原理将水压力传导至水泥浆液，从而达到模拟现场注浆的外力条件。

（3）注浆模拟装置为注浆模拟试验桶（φ30 cm×100 cm），将其两侧加装电极从而进行电化学检测。

（4）电化学检测装置包含 CHI660E 电化学工作站、电脑以及相应的电化学检测软件。

本试验系统的目的在于提供一种全新的电化学实时检测岩体化学加固和堵水效果的装置，是通过试样的渗透率测试、水泥浆液加压、现场注浆过程模拟、注浆体的电化学检测 4 个方面实现的，具体实施方案是：

（1）供水瓶中盛装一定量的水，首先通过渗透仪（渗透仪和试验桶中盛装相同规格的试验用土）测试试验样品的渗透率。

（2）通过加压装置把浆液压送至模拟试验桶中。

（3）注浆模拟试验桶中加装一定量的岩土试样，按照现场条件分层压实，样品上部和下部依次填充细砂和碎石，桶体两壁分别插入固定电极和转换电极。

（4）模拟现场注浆过程时，通过电化学工作站以及电脑可以完成对试验样品电化学信号的检测和记录，通过转换电极可以分别测得试验样品不同区段的电化学信号，通过电化学特征参数检测注浆渗流和凝固的时间效应。

本试验系统和已有技术相比，其效果是积极的、明显的。通过本试验系统，可以顺利模拟注浆过程及其浆液渗流和凝固随时间的变化特征，是一种全新的检测方法，其从电化学的角度研究注浆的渗流和凝固，检测注浆体的加固效果，是注浆效果检验的新发展。

2. 具体实施方式

测试注浆体渗流和凝固时间特性的试验系统，是利用自主设计的装置实时检测注浆过程中注浆体的电化学变化，包括样品渗透率的测试装置、注浆加压装置、注浆模拟装置以及电化学检测装置。具体实施步骤是：

（1）供水瓶中盛装一定量的水，首先通过渗透仪（渗透仪和试验桶中盛装相同规格的试样）测试试验样品的渗透率。

（2）供水瓶通过水压力把浆液压送至盛有试样的试验桶中。

（3）试验桶中加装一定量的试样，按照图示依次在样品上部和下部加入细砂和碎石，桶体两壁在装试样时同时插入两个电极组。

（4）试样品安装结束，所有线路连接好以后，根据现场注浆条件开始加压注浆，注意观测记录注浆体的变化特征。

（5）利用 CHI660E 电化学工作站测试样品的电化学阻抗谱，通过 5 个指示灯的明亮与否测试试样不同区段的电化学阻抗谱随时间的变化特征。

（6）利用电化学阻抗谱的特征参数分析岩体化学加固和堵水的时间效应。

下面结合案例对本试验系统作进一步的说明：按图安装连接试验系统的各个部分，在试验桶（ϕ30 cm×100 cm）中依次加入碎石、细砂、试样样品、细砂和碎石并适当压实，在安装上述物质时同时在试验桶两壁安装固定电极和转换电极，电极两端与 CHI660E 电化学工作站相连，供水瓶中盛装一定量的水，首先通过渗透仪（渗透仪和试验桶中盛装相同规格的试样）测试试验样品的渗透率；

供水瓶通过水压力把浆液压送至盛有试样的试验桶中；试验桶中加装一定量的试样，试样品按照图示依次在上部和下部加入细砂和碎石，试验桶内壁在装试样时同时装上两个电极组；试样品安装结束，所有线路连接好后，根据现场注浆条件开始加压注浆，注意观测记录注浆体的变化特征；利用 CHI660E 电化学工作站测试样品的电化学阻抗谱，通过 5 个指示灯的明亮与否测试试样不同区段的电化学阻抗谱随时间的变化特征；利用电化学阻抗谱的特征参数分析岩体化学加固和堵水的时间效应。

6.2.3　岩体化学加固和堵水电化学测试系统的实现

1. 岩体化学加固和堵水电化学测试系统的主要部件

1）CHI660E 型电化学工作站

电化学工作站（图 6-10）的电极与两个固定电极两端连接，然后与电脑相连。

图 6-10　电化学工作站实物图

2）注浆模拟试验桶

注浆模拟装置为注浆模拟试验桶（$\phi 30$ cm×100 cm），根据设计图生产出的实物如图 6-11 所示，采用白铁加工。图 6-12 为试验筒加装土试样和固定电极后的实物图。

图 6-11　注浆模拟试验桶实物图　　图 6-12　试验桶加装土试样和固定电极后的实物图

3）固定电极

固定电极采用铜质的导电片并联而成，大面积的导电片以便于更好地接收电信号。如图 6-13 所示。

图 6-13　固定电极

4）试样渗透率检测装置

试样渗透率检测装置包括供水瓶（图 6-14）和渗透仪（图 6-15），用来测试试样的渗透系数。

图 6-14　供水瓶

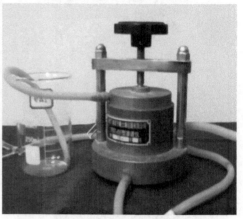

图 6-15　渗透仪

2. 岩体化学加固和堵水电化学测试系统的组装

将岩体化学加固和堵水电化学测试系统各部件组装起来，如图 6-16、图 6-17 所示。

图 6-16　岩体化学加固和堵水电化学测试系统全貌图（一）

3. 岩体化学加固和堵水电化学测试系统的调试

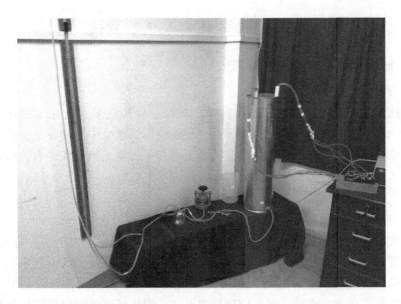

图 6-17　岩体化学加固和堵水电化学测试系统全貌图（二）

　　待系统组装完毕后，将注浆桶中放入固定电极后加入湿润后的试样，开始模拟注浆，打开电化学工作站和电脑，然后打开电化学测试软件设置相关参数并运行，经过相关调试，岩体化学加固和堵水电化学测试系统成功运行，如图 6-18 所示。

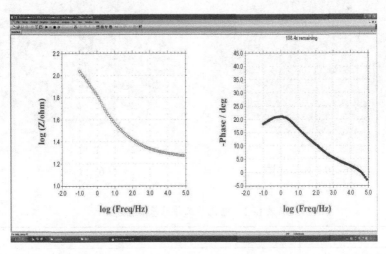

图 6-18　岩体化学加固和堵水电化学测试系统运行图

6.3 岩体化学加固和堵水实验室电化学测试

6.3.1 细砂的模拟注浆及电化学测试

1. 细砂试样的制备

本次试验将砂粒很小的细砂作为试验样品，模拟注浆及电化学测试。如图6-19所示。碎石子选用如图6-20所示。注浆模拟试验桶中加装一定量的细砂试样，按照现场条件分层压实，依次在样品上部和下部填充粗砂和碎石，桶体两壁分别插入固定电极和转换电极，如图6-9所示。

2. 细砂的模拟注浆及电化学测试试验

1）试验设备及装置

本次注浆的电化学阻抗谱测试试验是在中原工学院岩土力学实验室完成的。主要装置为自主设计的岩体化学加固和堵水电化学测试系统。其中最主要的电化学阻抗谱检测试验采用的电化学测量仪器是上海辰华仪器设备有限公司提供的CHI660E型电化学工作站，基本信息见表6-1，用其可直接测得不同信号频率时样品的复电阻率和相位，包含着研究所需的交流阻抗谱参数。

图 6-19 细砂试样

图 6-20 碎石子

表 6-1 电化学工作站基本信息

型号	提供频率范围/Hz	功能应用
CHI660E 型电化学工作站	$0.001 \sim 10^8$	以正弦波电信号为扰动信号

2）试验过程

（1）制备细砂试样并进行饱水。

（2）进行试样在无注浆条件下的电化学测试试验。首先测试此刻试验装置系统的自然电位，即静置电位，然后用化学工作站进行调零，最后采用 50 mV 的扰动电压进行测试，测量频率范围为 0.05~10^5 Hz。

（3）配置水灰比为 5:1 的水泥浆液，加入容器中，打开相关阀门，进行注浆试验。

（4）待浆液注入至注浆模拟试验桶 3-3 截面时（图 6-21），记录下所用时间，打开电化学工作站，测试此刻试验装置系统的静置电位，然后用化学工作站进行调零，最后采用 50 mV 的扰动电压进行测试，测量频率范围为 0.05~10^5 Hz。

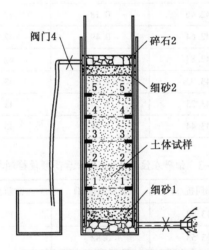

图 6-21　试验桶截面示意图

（5）待注浆完毕（浆液从阀门 4 流出），记录注浆过程所用的时间以及浆液的用量；关闭相关阀门，停止注浆；测试此刻试验装置系统的静置电位，然后用化学工作站进行调零；最后采用 50 mV 的扰动电压进行测试，测量频率范围为 0.05~10^5 Hz。

（6）根据水泥的凝结规律，分别选取注浆结束 15 min 后、45 min 后、2 h 后、5 h 后以及 8 h 后共 5 个时间段进行电化学测试。

3）试验数据记录分析

分别选取注浆前、注浆浆液达到 3-3 截面时、注浆结束以及注浆结束 15 min 后、注浆结束 45 min 后、注浆结束 2 h 后、注浆结束 5 h 后以及注浆结束 8 h 后共 8 个时间段进行注浆过程和浆液渗凝过程的电化学测试。其中，浆液到达 3-3 截面所用的时间是 1 min48 s，该注浆过程共用水泥浆液 3800 mL。将本次试验测得的高频段电化学检测数据做出整理，见表6-2~表6-9。

表6-2 细砂在注浆前高频段检测数据

频率/Hz	实部阻抗/Ω	虚部阻抗/Ω	总阻抗/Ω	相位角/(°)
82520	41.43	3.65	41.59	5.0
68120	41.58	2.66	41.66	3.7
56250	41.72	1.92	41.76	2.6
46440	41.91	1.21	41.92	1.7
38330	42.09	0.66	42.09	0.9
31640	42.27	0.19	42.27	0.3
26120	42.46	0.18	42.46	−0.2
21530	42.64	0.49	42.64	−0.7
17770	42.83	0.76	42.84	−1.0
14700	43.03	1.01	43.04	−1.3
12110	43.23	1.24	43.25	−1.6
10010	43.44	1.48	43.47	−1.9

表6-3 细砂在注浆1 min48 s后高频段检测数据

频率/Hz	实部阻抗/Ω	虚部阻抗/Ω	总阻抗/Ω	相位角/(°)
82520	13.48	1.15	13.53	4.9
68120	13.53	0.82	13.56	3.5
56250	13.56	0.55	13.57	2.3
46440	13.63	0.32	13.64	1.4
38330	13.71	0.13	13.71	0.5
31640	13.79	0.04	13.79	−0.2
26120	13.88	0.19	13.88	−0.8
21530	13.97	0.32	13.98	−1.3
17770	14.06	0.45	14.07	−1.8
14700	14.16	0.56	14.17	−2.3
12110	14.27	0.67	14.28	−2.7
10010	14.37	0.77	14.39	−3.1

表6-4　细砂在注浆结束后高频段检测数据

频率/Hz	实部阻抗/Ω	虚部阻抗/Ω	总阻抗/Ω	相位角/(°)
82520	11.43	1.28	11.50	6.4
68120	11.45	0.99	11.50	4.9
56250	11.51	0.71	11.53	3.5
46440	11.55	0.48	11.56	2.4
38330	11.60	0.28	11.61	1.4
31640	11.66	0.12	11.66	0.6
26120	11.72	0.02	11.72	-0.1
21530	11.77	0.13	11.77	-0.6
17770	11.83	0.24	11.83	-1.2
14700	11.90	0.34	11.90	-1.6
12110	11.97	0.43	11.98	-2.0
10010	12.04	0.51	12.06	-2.4

表6-5　细砂在注浆结束15 min后高频段检测数据

频率/Hz	实部阻抗/Ω	虚部阻抗/Ω	总阻抗/Ω	相位角/(°)
82520	12.54	1.19	12.59	5.4
68120	12.54	0.89	12.57	4.1
56250	12.64	0.63	12.65	2.8
46440	12.68	0.40	12.68	1.8
38330	12.75	0.21	12.75	1.0
31640	12.80	0.06	12.80	0.3
26120	12.88	0.08	12.88	-0.4
21530	12.94	0.20	12.95	-0.9
17770	13.01	0.30	13.02	-1.3
14700	13.08	0.40	13.09	-1.7
12110	13.16	0.49	13.16	-2.1
10010	13.24	0.59	13.26	-2.5

表6-6　细砂在注浆结束 45 min 后高频段检测数据

频率/Hz	实部阻抗/Ω	虚部阻抗/Ω	总阻抗/Ω	相位角/(°)
82520	14.46	1.08	14.50	4.3
68120	14.51	0.72	14.53	2.8
56250	14.56	0.52	14.57	2.0
46440	14.62	0.30	14.62	1.2
38330	14.70	0.13	14.70	0.5
31640	14.77	0.05	14.77	−0.2
26120	14.85	0.17	14.85	−0.7
21530	14.93	0.29	14.93	−1.1
17770	15.00	0.40	15.01	−1.5
14700	15.09	0.50	15.10	−1.9
12110	15.18	0.58	15.19	−2.2
10010	15.27	0.68	15.28	−2.5

表6-7　细砂在注浆结束 2 h 后高频段检测数据

频率/Hz	实部阻抗/Ω	虚部阻抗/Ω	总阻抗/Ω	相位角/(°)
82520	18.75	0.94	18.77	2.9
68120	18.78	0.67	18.79	2.0
56250	18.83	0.42	18.83	1.3
46440	18.91	0.20	18.91	0.6
38330	19.01	0.01	19.01	0
31640	19.10	0.15	19.10	−0.5
26120	19.20	0.29	19.20	−0.9
21530	19.29	0.40	19.29	−1.2
17770	19.38	0.51	19.39	−1.5
14700	19.48	0.61	19.49	−1.8
12110	19.56	0.70	19.58	−2.0
10010	19.67	0.80	19.68	−2.3

表6-8　细砂在注浆结束5h后高频段检测数据

频率/Hz	实部阻抗/Ω	虚部阻抗/Ω	总阻抗/Ω	相位角/(°)
82520	19.76	1.07	19.79	3.1
68120	19.81	0.81	19.83	2.3
56250	19.88	0.57	19.89	1.6
46440	19.93	0.35	19.93	1.0
38330	20.01	0.17	20.01	0.5
31640	20.08	0.02	20.08	0.1
26120	20.15	0.11	20.15	-0.3
21530	20.23	0.22	20.23	-0.6
17770	20.30	0.32	20.30	-0.9
14700	20.35	0.42	20.36	-1.2
12110	20.41	0.51	20.41	-1.4
10010	20.49	0.60	20.49	-1.7

表6-9　细砂在注浆结束8h后高频段检测数据

频率/Hz	实部阻抗/Ω	虚部阻抗/Ω	总阻抗/Ω	相位角/(°)
82520	22.03	1.06	22.05	2.7
68120	22.09	0.73	22.10	1.9
56250	22.15	0.47	22.16	1.2
46440	22.21	0.25	22.21	0.7
38330	22.30	0.08	22.30	0.2
31640	22.38	0.08	22.38	-0.2
26120	22.46	0.20	22.47	-0.5
21530	22.54	0.30	22.54	-0.8
17770	22.61	0.40	22.62	-1.0
14700	22.70	0.50	22.71	-1.3
12110	22.78	0.59	22.79	-1.5
10010	22.88	0.69	22.89	-1.7

注：以上表中虚部阻抗的值为绝对值。

由表6-2~表6-9可以看出，随着注浆的进行，细砂试样在高频段的总阻抗呈现明显减小的趋势，而注浆结束后，随着水泥的凝结，细砂试样的总阻抗有了一定程度的增加，但仍旧小于原来的阻抗值。实部阻抗变化规律与总阻抗大致相同，随着注浆的进行，细砂试样在高频段的实部阻抗呈现明显减小的趋势，而注浆结束后，随着水泥的凝结，细砂试样的实部阻抗有了一定程度的增加，但仍旧小于原来的阻抗值。如若按照总阻抗不断增加的趋势，可以预计随着试样内部浆液的进一步凝结，水分进一步流失，总阻抗会继续加大。下面统计中频段检测的数据，中频段选取总阻抗变化较为明显的 100~10 Hz 以内的 12 个频段。将本次试验测得的 100~10 Hz 频段电化学检测数据做出整理，见表 6-10~表 6-17。

表 6-10 细砂在注浆前中频段检测数据

频率/Hz	实部阻抗/Ω	虚部阻抗/Ω	总阻抗/Ω	相位角/(°)
97.66	53.70	8.10	54.31	−8.6
82.54	54.51	8.61	55.19	−9.0
68.13	55.42	9.17	56.18	−9.4
56.23	56.43	9.78	57.27	−9.8
46.42	57.64	10.43	58.58	−10.3
38.31	58.99	11.11	60.03	−10.7
31.62	60.43	11.83	61.58	−11.1
26.10	61.94	12.55	63.20	−11.5
21.54	63.50	13.29	64.87	−11.8
17.78	65.15	14.03	66.64	−12.2
14.68	66.91	14.80	68.52	−12.5
12.12	68.78	15.56	70.52	−12.7

表 6-11 细砂在注浆 1 min48 s 后中频段检测数据

频率/Hz	实部阻抗/Ω	虚部阻抗/Ω	总阻抗/Ω	相位角/(°)
97.66	20.80	4.71	21.32	−12.7
82.54	21.33	5.00	21.90	−13.2
68.13	21.90	5.32	22.53	−13.6
56.23	22.50	5.66	23.20	−14.1
46.42	23.18	6.03	23.95	−14.6
38.31	23.91	6.43	24.76	−15.1
31.62	24.69	6.86	25.62	−15.5
26.10	25.51	7.31	26.54	−16.0
21.54	26.37	7.79	27.50	−16.5
17.78	27.28	8.32	28.52	−17.0

表 6-11（续）

频率/Hz	实部阻抗/Ω	虚部阻抗/Ω	总阻抗/Ω	相位角/(°)
14.68	28.26	8.88	29.62	-17.4
12.12	29.31	9.49	30.81	-17.9

表 6-12　细砂在注浆结束后中频段检测数据

频率/Hz	实部阻抗/Ω	虚部阻抗/Ω	总阻抗/Ω	相位角/(°)
97.66	16.71	3.77	17.14	-12.7
82.54	17.12	4.03	17.59	-13.2
68.13	17.57	4.31	18.09	-13.8
56.23	18.06	4.62	18.64	-14.3
46.42	18.61	4.95	19.25	-14.9
38.31	19.20	5.31	19.92	-15.5
31.62	19.83	5.70	20.63	-16.0
26.10	20.50	6.11	21.39	-16.6
21.54	21.21	6.54	22.20	-17.1
17.78	21.97	7.00	23.06	-17.7
14.68	22.78	7.50	23.99	-18.2
12.12	23.66	8.05	25.00	-18.8

表 6-13　细砂在注浆结束 15 min 后中频段检测数据

频率/Hz	实部阻抗/Ω	虚部阻抗/Ω	总阻抗/Ω	相位角/(°)
97.66	18.28	3.91	18.69	-12.1
82.54	18.70	4.17	19.16	-12.6
68.13	19.16	4.46	19.68	-13.1
56.23	19.66	4.77	20.23	-13.6
46.42	20.22	5.10	20.86	-14.2
38.31	20.83	5.46	21.54	-14.7
31.62	21.48	5.86	22.26	-15.3
26.10	22.16	6.28	23.03	-15.8
21.54	22.88	6.72	23.85	-16.4
17.78	23.64	7.20	24.71	-16.9
14.68	24.46	7.72	25.65	-17.5
12.12	25.35	8.29	26.67	-18.1

表 6-14 细砂在注浆结束 45 min 后中频段检测数据

频率/Hz	实部阻抗/Ω	虚部阻抗/Ω	总阻抗/Ω	相位角/(°)
97.66	20.46	3.98	20.84	-11.0
82.54	20.88	4.25	21.31	-11.5
68.13	21.34	4.54	21.82	-12.0
56.23	21.84	4.86	22.38	-12.5
46.42	22.41	5.20	23.01	-13.1
38.31	23.03	5.57	23.69	-13.6
31.62	23.69	5.98	24.43	-14.2
26.10	24.39	6.42	25.22	-14.7
21.54	25.12	6.88	26.04	-15.3
17.78	25.90	7.39	26.93	-15.9
14.68	26.74	7.94	27.89	-16.5
12.12	27.65	8.55	28.94	-17.2

表 6-15 细砂在注浆结束 2 h 后中频段检测数据

频率/Hz	实部阻抗/Ω	虚部阻抗/Ω	总阻抗/Ω	相位角/(°)
97.66	25.74	4.70	26.16	-10.3
82.54	26.24	5.00	26.72	-10.8
68.13	26.80	5.33	27.32	-11.2
56.23	27.39	5.68	27.97	-11.7
46.42	28.07	6.08	28.72	-12.2
38.31	28.80	6.50	29.53	-12.7
31.62	29.58	6.95	30.39	-13.2
26.10	30.40	7.44	31.30	-13.7
21.54	31.26	7.95	32.25	-14.3
17.78	32.17	8.51	33.28	-14.8
14.68	33.15	9.11	34.38	-15.4
12.12	34.21	9.76	35.57	-15.9

表 6-16　细砂在注浆结束 5 h 后中频段检测数据

频率/Hz	实部阻抗/Ω	虚部阻抗/Ω	总阻抗/Ω	相位角/(°)
97.66	25.39	3.81	25.67	-8.5
82.54	25.79	4.06	26.11	-9.0
68.13	26.23	4.35	26.59	-9.4
56.23	26.72	4.65	27.12	-9.9
46.42	27.27	4.98	27.72	-10.4
38.31	27.87	5.34	28.38	-10.8
31.62	28.51	5.72	29.08	-11.4
26.10	29.18	6.13	29.82	-11.9
21.54	29.88	6.57	30.60	-12.4
17.78	30.62	7.05	31.42	-13.0
14.68	31.42	7.57	32.32	-13.6
12.12	32.28	8.14	33.29	-14.2

表 6-17　细砂在注浆结束 8 h 后中频段检测数据

频率/Hz	实部阻抗/Ω	虚部阻抗/Ω	总阻抗/Ω	相位角/(°)
97.66	28.15	4.04	28.43	-8.2
82.54	28.57	4.31	28.89	-8.6
68.13	29.04	4.61	29.40	-9.0
56.23	29.55	4.93	29.96	-9.5
46.42	30.14	5.28	30.60	-9.9
38.31	30.79	5.66	31.30	-10.4
31.62	31.47	6.07	32.04	-10.9
26.10	32.18	6.50	32.83	-11.4
21.54	32.92	6.96	33.65	-11.9
17.78	33.70	7.46	34.51	-12.5
14.68	34.53	8.01	35.45	-13.1
12.12	35.44	8.61	36.47	-13.7

注：以上表中虚部阻抗的值为绝对值。

　　由表 6-10~表 6-17 可以看出，随着注浆的进行，细砂试样在中频段的总阻抗呈现明显减小的趋势，注浆结束后，随着水泥的凝结，细砂试样的总阻抗有了一定程度的增加，但仍旧小于原来的阻抗值。实部阻抗变化规律与总阻抗大致相同，随着注浆的进行，细砂试样的在高频段的实部阻抗呈现明显的减小，而注浆结束后，随着水泥的凝结，细砂试样的实部阻抗有了一定程度的增加，但仍旧小于原来的阻抗值。下面统计低频段检测的数据，低频段选取 0.05~0.4 Hz 之间的 12 个频段。将本次试验测得的 0.05~0.4 Hz 频段电化学检测数据进行整理，可以推断出在低频段下细砂试样的总阻抗变化规律与上文得出的规律应相同。为了简便统计，我们将低频段下各数据的平均值做出统计，见表 6-18。由表 6-18 可知，随着注浆的进行，细砂试样在低频电信号下的总阻抗在注浆后有了明显地降低，随着浆液的渗凝过程，总阻抗不断增加，8 h 后仍旧小于原来的阻抗值。表 6-19 和表 6-20 分别为细砂在中、高频电信号下各数据的平均值。

表6-18　细砂在低频电信号下各数据的平均值

阶段	注浆前	注浆 1 min48 s 后	注浆结束后	15 min 后	45 min 后	2 h 后	5 h 后	8 h 后
实部阻抗/Ω	130.70	82.09	68.79	77.61	83.25	98.15	89.91	97.73
虚部阻抗/Ω	20.98	21.67	18.11	23.88	26.70	32.95	30.34	33.51
总阻抗/Ω	132.38	84.91	71.16	81.23	87.45	103.55	94.91	103.37
相位角/(°)	-9.16	-14.93	-14.90	-17.31	-17.98	-18.71	-18.83	-19.11

表6-19　细砂在中频电信号下各数据的平均值

阶段	注浆前	注浆 1 min48 s 后	注浆结束后	15 min 后	45 min 后	2 h 后	5 h 后	8 h 后
实部阻抗/Ω	60.28	24.59	19.77	21.40	23.62	29.48	28.43	31.37
虚部阻抗/Ω	11.61	6.82	5.66	5.83	5.96	6.92	5.70	6.04
总阻抗/Ω	61.41	25.52	20.58	22.19	24.38	30.30	29.01	31.96
相位角/(°)	-10.80	-15.30	-15.73	-15.03	-13.96	-13.02	-11.21	-10.76

表6-20　细砂在高频电信号下各数据的平均值

阶段	注浆前	注浆 1 min48 s 后	注浆结束后	15 min 后	45 min 后	2 h 后	5 h 后	8 h 后
实部阻抗/Ω	42.39	13.87	11.70	12.86	14.83	19.16	20.12	22.43
虚部阻抗/Ω	1.29	0.50	0.46	0.45	0.45	0.47	0.43	0.45
总阻抗/Ω	42.42	13.88	11.72	12.87	14.84	19.17	20.12	22.44
相位角/(°)	0.63	0.03	0.94	0.54	0.06	-0.28	0.21	-0.03

注：以上表中虚部阻抗的值为绝对值。

如图 6-22 所示，可以清晰地发现：注浆前到注浆中以及注浆结束后三个阶段细砂试样的总阻抗变化最大，呈现迅速减小的状态；随着注浆结束，浆液在细砂试样渗凝过程中，细砂试样的总阻抗逐渐变大，呈现缓慢增大的趋势，最终其阻抗值也显著小于初始阻抗值；细砂在不同频段的电信号通过下，测得的阻抗值不同，随着电信号频率的增大，总阻抗呈现显著减小的趋势。

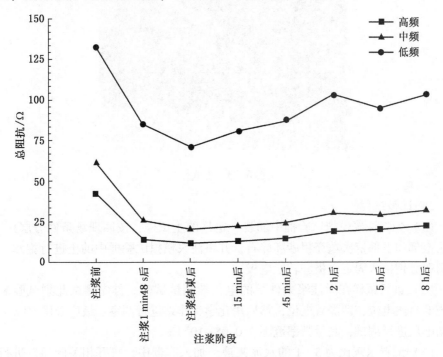

图 6-22　细砂在不同频段电信号下总阻抗均值变化图

6.3.2　土试样的模拟注浆及电化学测试

1. 土试样的制备

本次试验将土（图 6-23）作为试验样品，模拟注浆及电化学测试。注浆模拟试验桶中加装一定量的土试样，按照现场条件分层压实，依次在样品上部和下部填充粗砂和碎石，桶体两壁分别插入固定电极和转换电极。

2. 土试样的模拟注浆及电化学测试试验

1）试验设备及装置

本次注浆的电化学阻抗谱测试试验是在中原工学院岩土力学实验室完成的。主要装置为自主设计的岩体化学加固和堵水电化学测试系统。其中最主要的电化学阻抗谱检测试验采用的电化学测量仪器是上海辰华仪器设备有限公司提供的CHI660E 型电化学工作站。

图 6-23　土试样

2）试验过程

（1）先将注浆模拟试验桶中加装一定量的土试样，按照现场条件分层压实，样品上部和下部依次填充粗砂和碎石，并将注浆模拟试验桶中的土进行饱水。桶体两壁分别插入固定电极和转换电极。

（2）进行试样在无注浆条件下的电化学测试试验。首先测试此刻试验装置系统的自然电位，即静置电位，然后用化学工作站进行调零，最后采用 50 mV 的扰动电压进行测试，测量频率范围为 $0.05 \sim 10^5$ Hz。

（3）配置水灰比为 5:1 的水泥浆液，加入容器中，打开相关阀门，进行注浆试验。

（4）待浆液注入至注浆模拟试验桶 3-3 截面时（图 6-21），记录所用时间，打开电化学工作站，测试此刻试验装置系统的静置电位，然后用化学工作站进行调零，最后采用 50 mV 的扰动电压进行测试，测量频率范围为 $0.05 \sim 10^5$ Hz。

（5）待注浆完毕（浆液从阀门 4 流出），记录注浆过程所用的时间以及浆液的用量。关闭相关阀门，停止注浆，测试此刻试验装置系统的静置电位，然后用化学工作站进行调零，最后采用 50 mV 的扰动电压进行测试，测量频率范围为 $0.05 \sim 10^5$ Hz。

（6）根据水泥的凝结规律，分别选取注浆结束 15 min 后、45 min 后、2 h 后、5 h 后以及 8 h 后共 5 个时间段进行电化学测试。

3）试验数据记录分析

分别选取注浆前、注浆浆液达到 3-3 截面时、注浆结束以及注浆结束 15 min 后、注浆结束 45 min 后、注浆结束 2 h 后、注浆结束 5 h 后以及注浆结束 8 h 后共 8 个时间段进行注浆过程和浆液渗凝过程的电化学测试。其中，浆液到达 3-3 截面所用的时间是 1 min30 s，该注浆过程共用水泥浆液 5100 mL。将本次试验测得的高频段电化学检测数据做出整理，见表 6-21~表 6-28。

表 6-21　土在注浆前高频段检测数据

频率/Hz	实部阻抗/Ω	虚部阻抗/Ω	总阻抗/Ω	相位角/(°)
82520	128.70	2.23	128.70	−1.0
68120	129.40	3.09	129.40	−1.4
56250	130.10	3.79	130.20	−1.7
46440	130.80	4.46	130.90	−2.0
38330	131.60	5.02	131.70	−2.2
31640	132.40	5.54	132.50	−2.4
26120	133.30	6.02	133.50	−2.6
21530	134.30	6.45	134.40	−2.8
17770	135.30	6.83	135.40	−2.9
14700	136.20	7.21	136.40	−3.0
12110	137.10	7.56	137.30	−3.2
10010	138.10	7.96	138.30	−3.3

表 6-22　土在注浆 1 min30 s 后高频段检测数据

频率/Hz	实部阻抗/Ω	虚部阻抗/Ω	总阻抗/Ω	相位角/(°)
82520	41.54	2.80	41.63	3.9
68120	41.84	1.85	41.88	2.5
56250	42.03	0.99	42.04	1.4
46440	42.36	0.30	42.36	0.4
38330	42.68	0.29	42.68	−0.4
31640	43.05	0.78	43.05	−1.0
26120	43.42	1.24	43.44	−1.6
21530	43.78	1.64	43.81	−2.1
17770	44.11	1.99	44.15	−2.6
14700	44.46	2.31	44.52	−3.0
12110	44.81	2.59	44.88	−3.3
10010	45.20	2.88	45.29	−3.6

表6-23　土在注浆结束后高频段检测数据

频率/Hz	实部阻抗/Ω	虚部阻抗/Ω	总阻抗/Ω	相位角/(°)
82520	10.66	0.89	10.69	4.8
68120	10.71	0.63	10.73	3.4
56250	10.74	0.42	10.75	2.2
46440	10.82	0.23	10.82	1.2
38330	10.89	0.06	10.89	0.3
31640	10.97	0.08	10.97	−0.4
26120	11.05	0.20	11.05	−1.0
21530	11.13	0.30	11.13	−1.6
17770	11.20	0.40	11.21	−2.0
14700	11.27	0.49	11.28	−2.5
12110	11.35	0.57	11.36	−2.9
10010	11.44	0.64	11.46	−3.2

表6-24　土在注浆结束15 min后高频段检测数据

频率/Hz	实部阻抗/Ω	虚部阻抗/Ω	总阻抗/Ω	相位角/(°)
82520	10.62	0.91	10.66	4.9
68120	10.63	0.63	10.65	3.4
56250	10.71	0.46	10.72	2.5
46440	10.75	0.23	10.75	1.2
38330	10.83	0.07	10.83	0.3
31640	10.89	0.09	10.89	−0.5
26120	10.96	0.20	10.96	−1.0
21530	11.02	0.32	11.03	−1.6
17770	11.11	0.41	11.12	−2.1
14700	11.20	0.50	11.21	−2.5
12110	11.28	0.55	11.29	−2.8
10010	11.37	0.62	11.39	−3.1

表 6-25   土在注浆结束 45 min 后高频段检测数据

频率/Hz	实部阻抗/Ω	虚部阻抗/Ω	总阻抗/Ω	相位角/(°)
82520	10.44	0.89	10.48	4.9
68120	10.45	0.65	10.47	3.6
56250	10.54	0.43	10.55	2.4
46440	10.59	0.23	10.60	1.2
38330	10.67	0.06	10.67	0.3
31640	10.73	0.08	10.73	−0.4
26120	10.80	0.20	10.80	−1.1
21530	10.87	0.30	10.88	−1.6
17770	10.96	0.38	10.97	−2.0
14700	11.04	0.46	11.05	−2.4
12110	11.11	0.53	11.13	−2.7
10010	11.20	0.61	11.22	−3.1

表 6-26   土在注浆结束 2 h 后高频段检测数据

频率/Hz	实部阻抗/Ω	虚部阻抗/Ω	总阻抗/Ω	相位角/(°)
82520	12.16	0.84	12.19	4.0
68120	12.21	0.57	12.22	2.7
56250	12.28	0.35	12.29	1.6
46440	12.36	0.14	12.36	0.7
38330	12.44	0.03	12.44	−0.1
31640	12.53	0.19	12.53	−0.9
26120	12.61	0.32	12.61	−1.5
21530	12.69	0.44	12.70	−2.0
17770	12.78	0.53	12.79	−2.4
14700	12.87	0.61	12.89	−2.7
12110	12.97	0.67	12.99	−2.9
10010	13.09	0.74	13.11	−3.3

表 6-27　土在注浆结束 5 h 后高频段检测数据

频率/Hz	实部阻抗/Ω	虚部阻抗/Ω	总阻抗/Ω	相位角/(°)
82520	15.08	0.68	15.09	2.6
68120	15.11	0.44	15.12	1.7
56250	15.19	0.19	15.19	0.7
46440	15.27	0.00	15.27	0
38330	15.38	0.18	15.38	-0.7
31640	15.49	0.33	15.49	-1.2
26120	15.61	0.48	15.62	-1.8
21530	15.72	0.60	15.73	-2.2
17770	15.82	0.70	15.83	-2.5
14700	15.92	0.79	15.94	-2.9
12110	16.05	0.87	16.07	-3.1
10010	16.19	0.96	16.22	-3.4

表 6-28　土在注浆结束 8 h 后高频段检测数据

频率/Hz	实部阻抗/Ω	虚部阻抗/Ω	总阻抗/Ω	相位角/(°)
82520	21.88	0.34	21.89	0.9
68120	22.03	0.11	22.03	0.3
56250	22.17	0.11	22.17	-0.3
46440	22.26	0.37	22.26	-0.9
38330	22.40	0.52	22.41	-1.3
31640	22.53	0.65	22.54	-1.7
26120	22.69	0.79	22.70	-2.0
21530	22.84	0.93	22.86	-2.3
17770	22.99	1.04	23.01	-2.6
14700	23.14	1.12	23.17	-2.8
12110	23.27	1.20	23.30	-2.9
10010	23.42	1.32	23.45	-3.2

注：以上表中虚部阻抗的值为绝对值。

由表6-21~表6-28可以看出，随着注浆的进行，土试样在高频段的总阻抗呈现明显减小的趋势，而注浆结束后，随着水泥的凝结，土试样的总阻抗有了一定程度的增加，但仍旧小于原来的阻抗值。实部阻抗变化规律与总阻抗大致相同，随着注浆的进行，土试样在高频段的实部阻抗呈现明显减小的趋势，而注浆结束后，随着水泥的凝结，土试样的实部阻抗有了一定程度的增加，但仍旧小于原来的阻抗值。中频段选取总阻抗变化较为明显的10~100 Hz以内的12个频段。将本次试验测得的10~100 Hz频段电化学检测数据做出整理，低频段选取0.05~0.4 Hz之间的12个频段。选取本次试验测得的0.05~0.4 Hz频段电化学检测数据做出整理，依据上文得出的规律，可以推断出在低频段下细砂试样的总阻抗变化规律与上文规律应相同。为了简便统计，将低频段下测得的各数据的平均值做出统计。表6-29、表6-30、表6-31分别为土试样在低、中、高频电信号下各数据的平均值。

表6-29 土在低频电信号下各数据的平均值

阶段	注浆前	注浆1 min30 s后	注浆结束后	15 min后	45 min后	2 h后	5 h后	8 h后
实部阻抗/Ω	402.73	176.13	76.80	79.68	90.10	110.87	127.71	150.88
虚部阻抗/Ω	70.90	32.26	28.01	30.68	41.86	54.84	60.36	64.74
总阻抗/Ω	408.93	179.08	81.80	85.43	99.48	123.87	141.48	164.33
相位角/(°)	−10.02	−10.45	−20.32	−21.38	−25.46	−26.90	−25.88	−23.68

表6-30 土在中频电信号下各数据的平均值

阶段	注浆前	注浆1 min30 s后	注浆结束后	15 min后	45 min后	2 h后	5 h后	8 h后
实部阻抗/Ω	195.98	72.59	17.82	17.65	17.19	20.34	24.89	35.02
虚部阻抗/Ω	31.77	16.30	4.81	4.76	4.55	5.45	6.35	8.20
总阻抗/Ω	198.57	74.41	18.48	18.30	17.80	21.08	25.72	36.00
相位角/(°)	−9.14	−12.56	−14.82	−14.81	−14.54	−14.70	−14.06	−12.96

表6-31 土在高频电信号下各数据的平均值

阶段	注浆前	注浆1 min30 s后	注浆结束后	15 min后	45 min后	2 h后	5 h后	8 h后
实部阻抗/Ω	133.11	43.27	11.02	10.95	10.78	12.58	15.57	22.64
虚部阻抗/Ω	5.51	1.64	0.41	0.42	0.40	0.45	0.52	0.71
总阻抗/Ω	133.23	43.31	11.03	10.96	10.80	12.59	15.58	22.65
相位角/(°)	−2.38	−0.78	−0.14	−0.11	−0.08	−0.57	−1.07	−1.57

注：以上表中虚部阻抗的值为绝对值。

由表6-29和表6-30可知，随着注浆的进行，细砂试样在低频以及中频电信号下，总阻抗在注浆后有了明显的降低，随着浆液的渗凝过程，总阻抗不断增加，8 h后仍旧小于原来的阻抗值。图6-24为土试样在低、中、高频电信号下各数据平均值的曲线图。

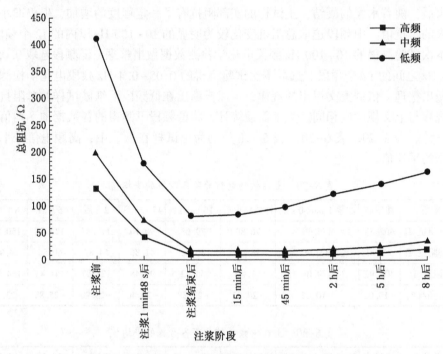

图6-24　土试样在不同频段电信号下总阻抗均值变化图

由图6-24可以清晰地发现：注浆前到注浆中以及注浆结束后三个阶段土试样的总阻抗变化最大，呈现迅速减小的状态；随着注浆结束，浆液在土试样渗凝过程中，土试样的总阻抗逐渐变大，呈现缓慢增大的趋势，最终其阻抗值小于初始阻抗值；土试样在不同频段的电信号通过下，测得的阻抗值不同，随着电信号频率的增大，总阻抗呈现显著减小的趋势。

6.3.3　粗砂试样的模拟注浆及电化学测试

1. 粗砂试样的制备

本次试验将粗砂（图6-25）作为试验样品，模拟注浆及电化学测试。注浆模拟试验桶中加装一定量的粗砂试样，按照现场条件分层压实，依次在样品上部和下部填充碎石，桶体两壁分别插入固定电极和转换电极。

2. 粗砂试样的模拟注浆及电化学测试试验

图 6-25　粗砂试样

1）实验设备及装置

本次注浆的电化学阻抗谱测试试验是在中原工学院岩土力学实验室完成的。主要装置为自主设计的岩体化学加固和堵水电化学测试系统。其中最主要的电化学阻抗谱检测试验采用的电化学测量仪器是上海辰华仪器设备有限公司提供的CHI660E 型电化学工作站。

2）试验过程

（1）先将注浆模拟试验桶中加装一定量的粗砂试样，按照现场条件分层压实，依次在样品上部和下部填充碎石，并将注浆模拟试验桶中的试样进行饱水。桶体两壁分别插入固定电极和转换电极。

（2）进行试样在无注浆条件下的电化学测试试验。首先测试此刻试验装置系统的自然电位，即静置电位，然后用化学工作站进行调零；最后采用 50 mV 的扰动电压进行测试，测量频率范围为 $0.05 \sim 10^5$ Hz。

（3）配置水灰比为 5∶1 的水泥浆液，加入容器中，打开相关阀门，进行注浆试验。

（4）待浆液注入至注浆模拟试验桶 3-3 截面时（图 6-21），记录所用时间，打开电化学工作站，测试此刻试验装置系统的静置电位，然后用化学工作站进行调零，最后采用 50 mV 的扰动电压进行测试，测量频率范围为$0.05 \sim 10^5$ Hz。

（5）待注浆完毕（浆液从阀门 4 流出），记录注浆过程所用的时间以及浆液的用量。关闭相关阀门，停止注浆，测试此刻试验装置系统的静置电位，然后用化学工作站进行调零，最后采用 50 mV 的扰动电压进行测试，测量频率范围为 $0.05 \sim 10^5$ Hz。

（6）根据水泥的凝结规律，分别选取注浆结束 15 min 后、45 min 后、2 h 后、5 h 后以及 8 h 后共 5 个时间段进行电化学测试。

3. 试验数据记录分析

分别选取注浆前、注浆浆液达到 3-3 截面时、注浆结束以及注浆结束 15 min 后、注浆结束 45 min 后、注浆结束 2 h 后、注浆结束 5 h 后以及注浆结束 8 h 后共 8 个时间段进行注浆过程和浆液渗凝过程的电化学测试。其中，浆液到达 3-3 截面所用的时间是 2 min43 s，该注浆过程共用水泥浆液 6020 mL。将本次试验测得的高频段电化学检测数据做出整理，见表 6-32 ~ 表 6-39。

表6-32 粗砂在注浆前高频段检测数据

频率/Hz	实部阻抗/Ω	虚部阻抗/Ω	总阻抗/Ω	相位角/(°)
82520	81.62	0.70	81.62	0.5
68120	82.07	0.19	82.07	−0.1
56250	82.55	0.92	82.56	−0.6
46440	82.90	1.50	82.91	−1.0
38330	83.33	1.99	83.35	−1.4
31640	83.76	2.42	83.80	−1.7
26120	84.21	2.79	84.26	−1.9
21530	84.62	3.10	84.68	−2.1
17770	85.04	3.38	85.11	−2.3
14700	85.47	3.65	85.55	−2.4
12110	85.91	3.90	86.00	−2.6
10010	86.38	4.17	86.48	−2.8

表6-33 粗砂在注浆1 min20 s 后高频段检测数据

频率/Hz	实部阻抗/Ω	虚部阻抗/Ω	总阻抗/Ω	相位角/(°)
82520	31.23	4.22	31.52	7.7
68120	31.31	3.32	31.49	6.1
56250	31.46	2.50	31.56	4.5
46440	31.59	1.83	31.65	3.3
38330	31.76	1.26	31.78	2.3

表6-33（续）

频率/Hz	实部阻抗/Ω	虚部阻抗/Ω	总阻抗/Ω	相位角/(°)
31640	31.91	0.80	31.92	1.4
26120	32.04	0.42	32.05	0.8
21530	32.18	0.10	32.18	0.2
17770	32.33	0.19	32.33	−0.3
14700	32.49	0.43	32.49	−0.8
12110	32.65	0.64	32.65	−1.1
10010	32.82	0.84	32.83	−1.5

表6-34　粗砂在注浆结束后高频段检测数据

频率/Hz	实部阻抗/Ω	虚部阻抗/Ω	总阻抗/Ω	相位角/(°)
82520	15.00	0.74	15.02	2.8
68120	15.04	0.50	15.04	1.9
56250	15.11	0.27	15.12	1.0
46440	15.20	0.06	15.20	0.2
38330	15.30	0.10	15.30	−0.4
31640	15.38	0.25	15.38	−0.9
26120	15.47	0.38	15.47	−1.4
21530	15.56	0.49	15.57	−1.8
17770	15.66	0.60	15.67	−2.2
14700	15.77	0.69	15.78	−2.5
12110	15.88	0.78	15.90	−2.8
10010	15.99	0.87	16.02	−3.1

表6-35　粗砂在注浆结束15 min后高频段检测数据

频率/Hz	实部阻抗/Ω	虚部阻抗/Ω	总阻抗/Ω	相位角/(°)
82520	15.74	0.70	15.76	2.5
68120	15.85	0.43	15.86	1.5
56250	15.93	0.20	15.93	0.7
46440	15.99	0.00	15.99	0
38330	16.09	0.16	16.09	−0.6
31640	16.18	0.30	16.19	−1.1

表 6-35（续）

频率/Hz	实部阻抗/Ω	虚部阻抗/Ω	总阻抗/Ω	相位角/(°)
26120	16.29	0.43	16.29	-1.5
21530	16.38	0.55	16.39	-1.9
17770	16.48	0.66	16.49	-2.3
14700	16.59	0.75	16.61	-2.6
12110	16.70	0.83	16.72	-2.9
10010	16.83	0.93	16.86	-3.2

表 6-36　粗砂在注浆结束 45 min 后高频段检测数据

频率/Hz	实部阻抗/Ω	虚部阻抗/Ω	总阻抗/Ω	相位角/(°)
82520	15.73	0.72	15.74	2.6
68120	15.77	0.43	15.78	1.6
56250	15.87	0.20	15.87	0.7
46440	15.94	0.01	15.94	0
38330	16.05	0.18	16.05	-0.6
31640	16.15	0.33	16.15	-1.2
26120	16.24	0.46	16.25	-1.6
21530	16.33	0.57	16.34	-2.0
17770	16.43	0.67	16.45	-2.3
14700	16.55	0.77	16.56	-2.6
12110	16.66	0.84	16.68	-2.9
10010	16.78	0.93	16.81	-3.2

表 6-37　粗砂在注浆结束 2 h 后高频段检测数据

频率/Hz	实部阻抗/Ω	虚部阻抗/Ω	总阻抗/Ω	相位角/(°)
82520	16.31	0.69	16.32	2.4
68120	16.36	0.40	16.36	1.4
56250	16.48	0.20	16.48	0.7
46440	16.56	0.02	16.56	-0.1
38330	16.68	0.17	16.68	-0.6
31640	16.77	0.32	16.77	-1.1
26120	16.86	0.46	16.86	-1.5

表 6-37（续）

频率/Hz	实部阻抗/Ω	虚部阻抗/Ω	总阻抗/Ω	相位角/(°)
21530	16. 95	0. 57	16. 96	−1. 9
17770	17. 06	0. 66	17. 07	−2. 2
14700	17. 16	0. 75	17. 18	−2. 5
12110	17. 27	0. 84	17. 29	−2. 8
10010	17. 39	0. 94	17. 42	−3. 1

表 6-38　粗砂在注浆结束 5 h 后高频段检测数据

频率/Hz	实部阻抗/Ω	虚部阻抗/Ω	总阻抗/Ω	相位角/(°)
82520	69. 24	2. 11	69. 28	1. 7
68120	69. 45	1. 24	69. 47	1. 0
56250	69. 80	0. 55	69. 81	0. 5
46440	70. 08	0. 08	70. 08	−0. 1
38330	70. 44	0. 59	70. 44	−0. 5
31640	70. 79	1. 04	70. 79	−0. 8
26120	71. 14	1. 41	71. 15	−1. 1
21530	71. 48	1. 72	71. 50	−1. 4
17770	71. 84	1. 99	71. 87	−1. 6
14700	72. 21	2. 23	72. 25	−1. 8
12110	72. 58	2. 46	72. 62	−1. 9
10010	72. 96	2. 71	73. 01	−2. 1

表 6-39　粗砂在注浆结束 8 h 后高频段检测数据

频率/Hz	实部阻抗/Ω	虚部阻抗/Ω	总阻抗/Ω	相位角/(°)
82520	93. 50	0. 84	93. 50	0. 5
68120	94. 00	0. 07	94. 00	0
56250	94. 21	0. 78	94. 22	−0. 5
46440	94. 70	1. 34	94. 70	−0. 8
38330	95. 14	1. 86	95. 16	−1. 1
31640	95. 64	2. 21	95. 67	−1. 3
26120	96. 09	2. 55	96. 13	−1. 5
21530	96. 55	2. 83	96. 59	−1. 7

表 6-39（续）

频率/Hz	实部阻抗/Ω	虚部阻抗/Ω	总阻抗/Ω	相位角/(°)
17770	96.98	3.08	97.03	-1.8
14700	97.42	3.31	97.48	-1.9
12110	97.90	3.54	97.96	-2.1
10010	98.42	3.83	98.49	-2.2

注：以上表中虚部阻抗的值为绝对值。

由表 6-32~表 6-39 可以看出，随着注浆的进行，粗砂试样在高频段的总阻抗呈现明显减小的趋势，而注浆结束后，随着水泥的凝结，粗砂试样的总阻抗不断地增加，并且大于原来的阻抗值。实部阻抗变化规律与总阻抗大致相同，随着注浆的进行，粗砂试样在高频段的实部阻抗呈现明显减小的趋势，而注浆结束后，随着水泥的凝结，粗砂试样的实部阻抗有了一定程度的增加，并且最后大于原来的阻抗值。中频段选取总阻抗变化较为明显的 10~100 Hz 以内的 12 个频段。将本次试验测得的 10~100 Hz 频段电化学检测数据做出整理，低频段选取 0.05~0.4 Hz 之间的 12 个频段。将本次试验测得的 0.05~0.4 Hz 频段电化学检测数据做出整理，依据上文得出的规律，可以推断出在低频段下粗砂试样的总阻抗变化规律与上文规律应相同。为了简便统计，取中、低频段下各数据的平均值做统计。表 6-40、表 6-41、表 6-42 分别为粗砂试样在低、中、高频电信号下各数据的平均值。

表 6-40　粗砂在低频电信号下各数据的平均值

阶段	注浆前	注浆 1 min20 s 后	注浆结束后	15 min 后	45 min 后	2 h 后	5 h 后	8 h 后
实部阻抗/Ω	213.38	102.14	80.53	79.13	81.68	88.01	195.71	246.80
虚部阻抗/Ω	29.13	27.37	28.55	27.13	28.72	34.36	42.15	47.43
总阻抗/Ω	215.41	105.75	85.46	83.66	86.60	94.50	200.19	251.32
相位角/(°)	-7.81	-14.98	-19.70	-19.06	-19.52	-21.53	-12.20	-10.89

表 6-41　粗砂在中频电信号下各数据的平均值

阶段	注浆前	注浆 1 min20 s 后	注浆结束后	15 min 后	45 min 后	2 h 后	5 h 后	8 h 后
实部阻抗/Ω	114.85	44.04	24.33	25.31	25.29	25.88	95.90	128.39
虚部阻抗/Ω	16.48	6.73	5.19	5.19	5.22	5.26	12.57	16.24
总阻抗/Ω	116.03	44.57	24.89	25.84	25.83	26.42	96.72	129.43
相位角/(°)	-8.12	-8.60	-11.92	-11.45	-11.53	-11.35	-7.43	-7.16

表6-42 粗砂在高频电信号下各数据的平均值

阶段	注浆前	注浆1 min20 s后	注浆结束后	15 min后	45 min后	2 h后	5 h后	8 h后
实部阻抗/Ω	83.77	31.98	15.45	16.25	16.21	16.82	71.00	95.65
虚部阻抗/Ω	2.23	1.38	0.48	0.49	0.51	0.50	1.51	2.04
总阻抗/Ω	83.81	32.04	15.46	16.27	16.22	16.83	71.02	95.68
相位角/(°)	-1.42	1.88	-0.77	-0.95	-0.96	-0.94	-0.68	-1.11

注：以上表中虚部阻抗的值为绝对值。

由表6-40和表6-41可知，随着注浆的进行，粗砂试样在低频以及中频电信号下总阻抗在注浆后有了明显的降低，随着浆液的渗凝过程，总阻抗不断增加，8 h后慢慢大于原来的阻抗值。图6-26为粗砂试样在低、中、高频电信号下各数据平均值的曲线图。

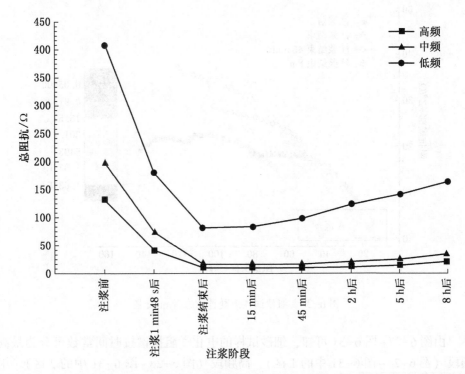

图6-26 土试样在不同频段电信号下总阻抗均值变化图

由图6-26可以清晰地发现：注浆前到注浆中以及注浆结束三个阶段粗砂试

样的总阻抗变化最大，呈现迅速减小的状态；随着注浆结束，浆液在土试样渗凝过程中，土试样的总阻抗逐渐变大，呈现缓慢增大的趋势，最终其阻抗值大于初始阻抗值；粗砂试样在不同频率的电信号通过下，测得的阻抗值不同，随着电信号频率的增大，总阻抗呈现显著减小的趋势。

6.4 岩体化学加固和堵水过程的电化学阻抗谱分析

6.4.1 岩体化学加固和堵水过程的电化学阻抗谱

1. 细砂试样化学加固和堵水过程的电化学阻抗谱

试验结束后，测得细砂试样化学加固和堵水过程的交流阻抗谱。选取化学加固和堵水过程 4 个关键时间点：注浆前、注浆结束、注浆结束 45 min、注浆结束 8 h。绘制细砂渗凝过程的 Nyquist 图以及 Nyquist 图高频弧（A 区放大），如图 6-27~图 6-31 所示。

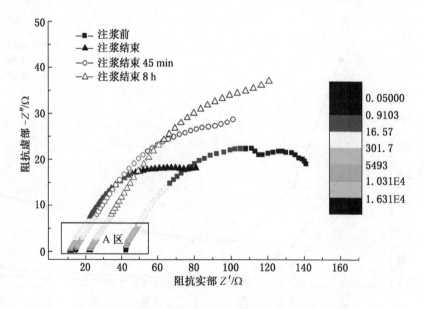

图 6-27　细砂试样渗凝过程的 Nyquist 图

由图 6-27~图 6-31 可知，细砂试样的电化学阻抗谱按时间常数可分为最高频段（图 6-28~图 6-31 中的 1 区）、高频段（图 6-28~图 6-31 中的 2 区）、中频段（图 6-28~图 6-31 中的 3 区）和低频段（图 6-29 中的直线段）4 个部分，它们分别代表不同的反应。

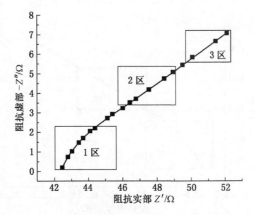

图 6-28　细砂试样注浆前 Nyquist 图高频弧

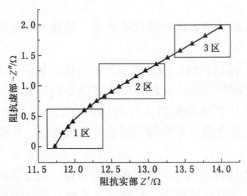

图 6-29　细砂试样注浆结束 Nyquist 图高频弧

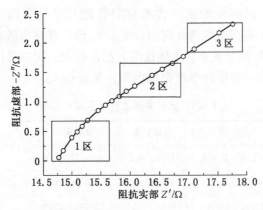

图 6-30　细砂试样注浆结束 45min Nyquist 图高频弧

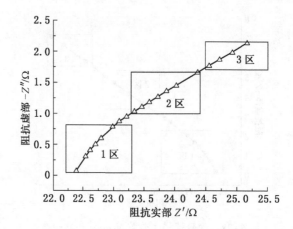

图 6-31　细砂试样注浆结束 8h Nyquist 图高频弧

根据多孔介质的阻抗谱各部分所代表的含义和岩土体自身的电化学电阻抗特征，可以认为：

（1）阻抗谱的 1 区代表的是岩土体表面的特征，包括岩土体表面粗糙程度以及低洼区连接状况等阻抗特征。反映在阻抗谱中是最高频的一段感抗弧。

（2）阻抗谱的 2 区代表的是岩土体的体积特征，包括岩土体内部的孔隙大小、孔隙连通情况以及孔隙尺寸的均匀程度等阻抗特征。反映在阻抗谱中是高频区的一段容抗弧。

（3）阻抗谱的 3 区代表的是岩土体的界面特征，包括岩样和电极的界面和岩样内部电解液和固体成分的界面等阻抗特征。反映在阻抗谱中是中频段的一段容抗弧。

Gu. P 等认为，高频段的值包含有材料孔隙尺寸的分布特征。S. Perron 和 J. J. Beaudoin 研究了高频段的特征得出：R_1、R_2 包含有材料微观孔隙结构的重要信息。由于本书研究的是关于岩土体注浆方面的问题，则应关键研究阻抗谱中的 2 区。下面把 2 区的一些图形参数提取出来，见表 6-43。

表 6-43　细砂高频弧段 2 区技术参数

技术参数	注浆前	注浆结束	注浆结束 45 min	注浆结束 8 h
Z_1	（42.46，0.18）	（11.66，0.22）	（14.77，0.05）	（22.38，0.08）
Z_2	（43.23，1.24）	（11.97，0.43）	（15.18，0.58）	（22.78，0.59）
HAF 频率范围/Hz	（31640，12110）	（31640，12110）	（31640，12110）	（31640，12110）
R_1-R_2/Ω	0.77	0.31	0.41	0.40

表6-43中的 Z_1、Z_2 是被标注的第2区域段高频弧段起点和止点位置所在阻抗负平面上对应的坐标；R_1、R_2 是 Z_1、Z_2 在阻抗负平面实轴的投影。

2. 土试样化学加固和堵水过程的电化学阻抗谱

试验结束后，测得土试样化学加固和堵水过程的交流阻抗谱。绘制土试样4个渗凝过程的 Nyquist 图以及 Nyquist 图高频弧（A 区放大），如图6-32~图6-36所示，并且把高频弧2区的一些图形参数提取出来（表6-44）。

表6-44 土试样高频弧段2区技术参数

技术参数	注浆前	注浆结束	注浆结束 45 min	注浆结束 8 h
Z_1	(132.40, 5.54)	(10.97, 0.08)	(10.73, 0.08)	(22.53, 0.65)
Z_2	(137.10, 7.56)	(11.35, 0.57)	(11.20, 0.61)	(23.27, 1.20)
HAF 频率范围/Hz	(31640, 12110)	(31640, 12110)	(31640, 12110)	(31640, 12110)
$R_1 - R_2/\Omega$	4.7	0.38	0.47	0.74

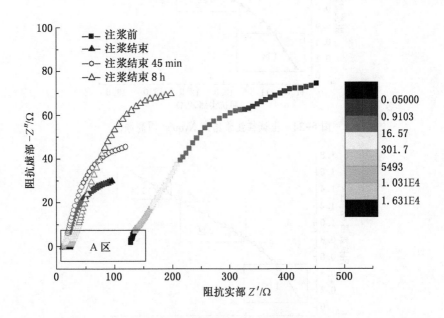

图 6-32 土试样渗凝过程的 Nyquist 图

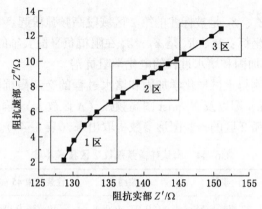

图 6-33　土试样注浆前 Nyquist 图高频弧

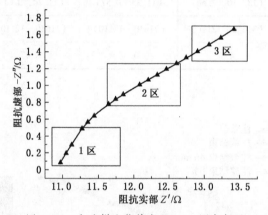

图 6-34　土试样注浆结束 Nyquist 图高频弧

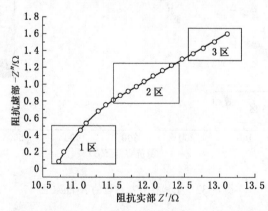

图 6-35　土试样注浆结束 45 min Nyquist 图高频弧

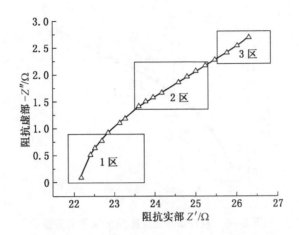

图6-36　土试样注浆结束8h Nyquist图高频弧

3. 粗砂试样化学加固和堵水的电化学阻抗谱

　　绘制粗砂试样4个渗凝过程的Nyquist图以及Nyquist图高频弧（A区放大），如图6-37～图6-41所示，并且把高频弧2区的一些图形参数提取出来，（表6-45）。

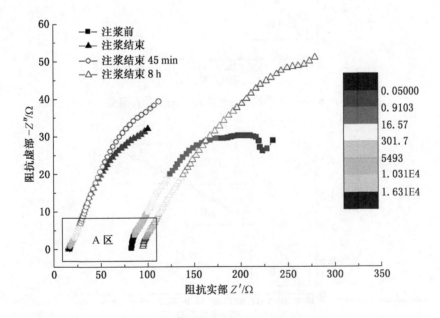

图6-37　粗砂试样渗凝过程的 Nyquist 图

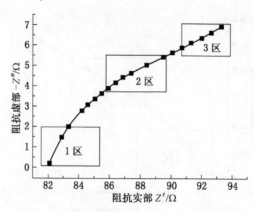

图 6-38　粗砂试样注浆前 Nyquist 图高频弧

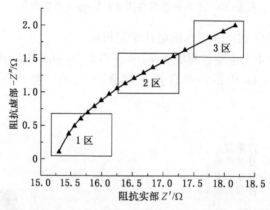

图 6-39　粗砂试样注浆结束 Nyquist 图高频弧

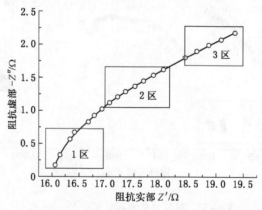

图 6-40　粗砂试样注浆结束 45 min Nyquist 图高频弧

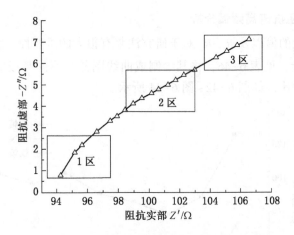

图 6-41　粗砂试样注浆结束 8 h Nyquist 图高频弧

表 6-45　粗砂试样高频弧段 2 区技术参数

技术参数	注浆前	注浆结束	注浆结束 45 min	注浆结束 8 h
Z_1	(83.76, 2.42)	(15.38, 0.25)	(16.15, 0.33)	(95.64, 2.21)
Z_2	(85.91, 3.90)	(15.88, 0.78)	(16.66, 0.84)	(97.90, 3.54)
HAF 频率范围/Hz	(31640, 12110)	(31640, 12110)	(31640, 12110)	(31640, 12110)
R_1-R_2/Ω	2.15	0.50	0.51	2.26

6.4.2　岩体化学加固和堵水过程的电化学阻抗谱分析

通过图 6-27、图 6-32、图 6-37 可以直观地发现随着注浆的进行，试样的 Nyquist 曲线曲率不断减小、变得伸展：注浆后相较注浆前 Nyquist 曲线曲率减小；注浆结束 45 min 后曲率亦有减小；直到注浆结束 8 h 后曲率仍有明显减小。可以得出：岩体化学加固和堵水过程可以表征为 Nyquist 曲线曲率不断减小的过程。

由上节依次得出了细砂试样渗凝过程的 Nyquist 图（图 6-34）、土试样渗凝过程的 Nyquist 图（图 6-39）、粗砂试样渗凝过程的 Nyquist 图（图 6-44）。通过这三幅 Nyquist 图可以直观地发现随着注浆的进行，它们的 Nyquist 曲线曲率不断减小、变的伸展：注浆后相较注浆前曲线 Nyquist 曲线曲率减小；注浆结束 45 min 后曲率亦有减小；直到注浆结束 8 h 后曲率仍有明显的减小。可以得出结论：岩体化学加固和堵水过程可以表征为 Nyquist 曲线曲率不断减小的过程。

6.4.3 电化学阻抗谱高频弧分析

　　由于高频段的值以及 R_1-R_2 对于研究注浆有很大的重要性，将注浆 4 个阶段的 R_1-R_2 值统计，见表 6-46，将其绘制成曲线图并与不同频段电信号下总阻抗均值变化图作对比，如图 6-42～图 6-44 所示。

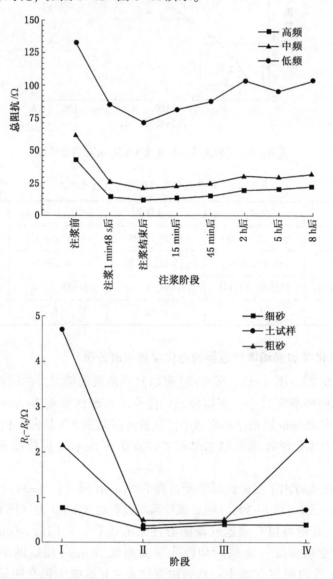

图 6-42　细砂试样不同频段电信号下总阻抗均值变化图与 R_1-R_2 值变化对比图

表 6-46　高频弧段 2 区 R_1-R_2 值统计

技术参数		注浆前	注浆结束	注浆结束 45 min	注浆结束 8 h
R_1-R_2/Ω	细砂	0.77	0.31	0.41	0.4
	土	4.7	0.38	0.47	0.74
	粗砂	2.15	0.50	0.51	2.26

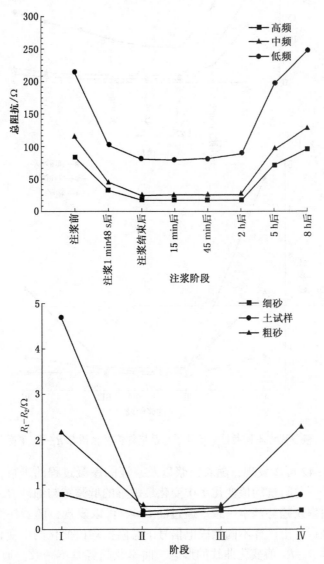

图 6-43　土试样不同频段电信号下总阻抗均值变化图与 R_1-R_2 值变化对比图

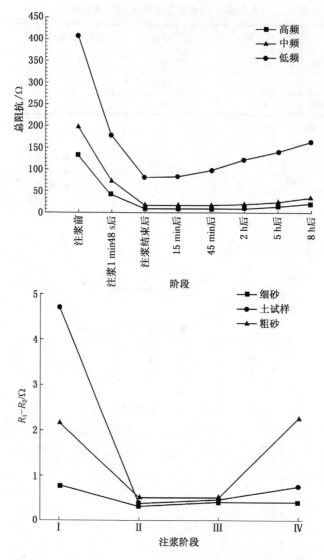

图 6-44　粗砂试样不同频段电信号下总阻抗均值变化图与 $R_1\text{-}R_2$ 值变化对比图

　　通过图 6-42 可以发现，随着注浆以及浆液的渗凝过程的进行，细砂试样不同频段电信号下总阻抗均值变化图中变化最敏感的低频图与细砂 $R_1\text{-}R_2$ 值变化曲线的形态、曲率及趋势基本一致。通过图 6-43 可以发现，随着注浆以及浆液的渗凝过程的进行，土试样不同频段电信号下总阻抗均值变化图中变化最敏感的低频图与土试样 $R_1\text{-}R_2$ 值变化曲线的形态、曲率及趋势基本一致。通过图 6-44 可以发现，随着注浆以及浆液的渗凝过程的进行，粗砂试样不同频段电信号下总阻抗均值变化图中变化最敏感的低频图与粗砂试样 $R_1 - R_2$ 值变化曲线的形态、曲率及趋势基本一致，包括最后各自的两个值都大于最初的两个值。因此可以发现，高频弧 2 区的 $R_1 - R_2$ 值的变化可以较好地预测出整个注浆过程和渗凝过程的总阻抗变化图，随着时间的进行，$R_1 - R_2$ 值的变化可以较好地表征试样注浆以及浆液渗凝的整个过程，也就是说可以较好地表征出注浆体渗流和凝固时间特性。

第7章 裂隙岩体化学快速加固和堵水的应用

7.1 九龙山煤矿斜井穿越动压冒落区的快速加固

7.1.1 工程概况

山东省新泰市九龙山煤矿始建于 20 世纪 50 年代末,煤层薄,矿体埋深标高为 -120~-670 m,采用斜井开拓方式,基本靠人工开采,机械化程度低,共有 7 个工作面,年生产能力为 65 万 t。巷道依次穿过的地层岩性为石灰岩、页岩、砂岩、泥岩、煤层,穿过的地层构造有断层、冲刷带、褶曲带,穿过的岩层形式有斜交和穿层(地质平剖面图如图 7-1 所示)。巷道设计断面为半圆拱形,采用砌碹支护。

该矿井主井延伸至断层处的部分为暗斜井,下山 37°,宽度 4.6 m,高度 3.5 m。冒落段斜井巷道围岩主要为细砂质泥岩,围岩整体性较差,承载能力较低。因为受断层、采动和水浸等多因素影响,致使在标高 -170 m 处冒落(冒落处地质柱状图如图 7-2 所示)。巷道上覆岩层的直接顶厚度大、岩性差,没有厚硬岩层阻止冒落,因此冒落高度难以估计(冒落形态如图 7-3 所示),同时该段斜井倾角较大,导致冒顶区长度也难以估计。

冒落段斜井连通着下面 4 个工作面,如果得不到及时修复,将严重影响生产计划。针对冒顶严重,冒顶区倾角大,安全难以保证,修复操作困难,修复质量也难以保证的现实,以及生产的实际要求,必须进行快速充填加固和有针对性的加固方案设计。

7.1.2 冒落区岩体质量评价

冒落区的岩体属性调查见表 7-1,输入加固和堵水材料优选系统,得出图 7-4~图 7-6 所示结果。

7.1.3 加固材料选型

基于"工程要求—材料属性"理论,根据岩体加固和堵水材料优选体系,优选结果如图 7-7 所示,符合工程要求的材料有三种:①瑞米充填/加固Ⅰ号;

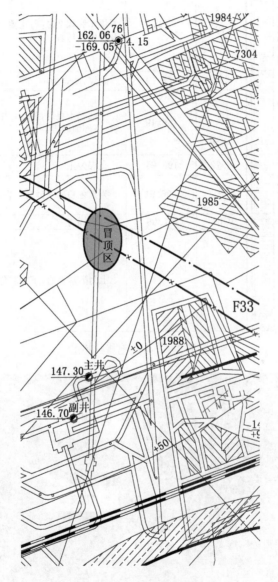

图 7-1　九龙山煤矿地质平剖面图

岩石名称	柱状图	层厚/m	累计厚度/m	岩性描述
泥岩、砂岩		79	170	煤1和煤2之间,主要为泥岩、砂岩及粉砂砂质岩
煤2		2.19	172.19	亮煤,暗煤为主
页岩、砂岩		24	196.19	上部黏土页岩,松较;中部细粒砂岩,下部细砂岩
煤3		2.72	198.91	亮煤为主
砂岩		8	206.91	为黑色粉砂—砂质页岩,较碎
煤4		0.64	207.55	以暗煤为主
砂岩				上为砂质页岩,下为灰色砂页岩互层

图 7-2 冒落处地质柱状图

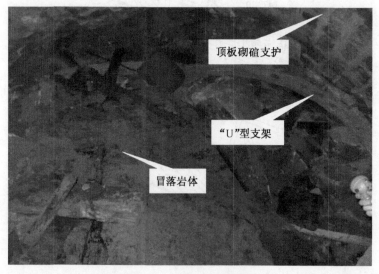

图 7-3 冒落处的冒落形态

表7-1 冒落区岩体属性

评价指标	冒落区岩体属性
水文条件	有少量渗水
环境温度/℃	16~25
反应温度/℃	<100
环保特性	无特殊要求
单向抗压强度/MPa	>35
长期稳定性/a	>10
动静载荷	动载荷
裂隙面粗糙程度	很粗糙
裂隙面分化程度	微分化
裂隙面充填情况	软质充填物厚度大于5 mm
黏结强度/MPa	>5
凝固时间/d	<1
发泡倍数	<1.5
可塑性	一般
施工设备与工艺	简单

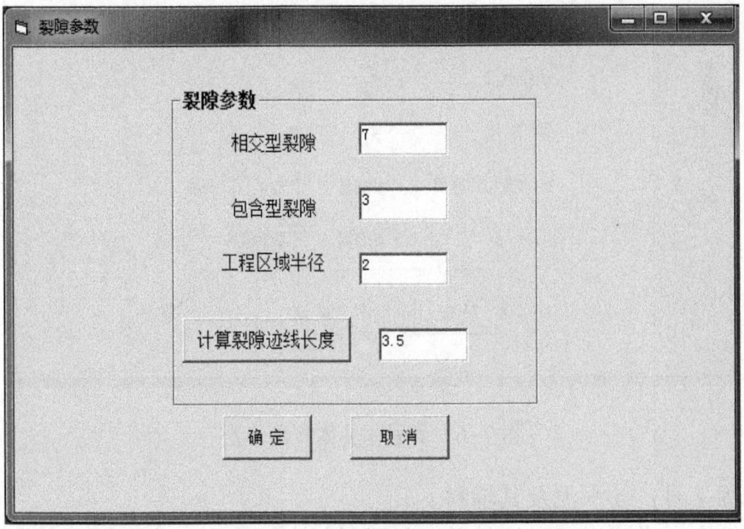

图 7-4 裂隙参数设置

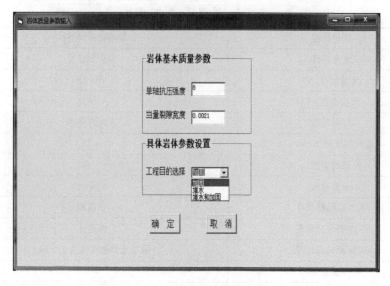

图 7-5　岩体基本质量参数设置

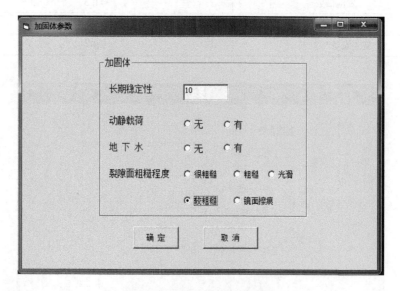

图 7-6　加固体具体参数设置

②瑞米加固Ⅰ号；③水泥及其辅料。

最后综合考虑该煤矿经济效益、加固材料市场价格、生产计划等因素，决定采用瑞米充填/加固Ⅰ号和水泥及其辅料的复合式充填加固方案。

瑞米充填/加固Ⅰ号材料是双组分聚异氰酸酯类材料，按适当的配比混合，

图 7-7 充填加固材料选型结果

快速发泡成型堆积，流淌性小，发泡倍数高，反应温度低，无挥发刺激性气体释放，固化物具有较大的韧性和变形性，不发脆、不开裂，有优异的密封性能。施工操作简便、高效。具体性能参数见表 7-2。

表 7-2 充填/加固 I 号材料性能参数

产品特性	A 组分	B 组分
外观	浅褐色黏稠液体	深褐色透明液体
黏度[(23±2)℃]/(MPa·s)	200~400	<100
密度[(23±2)℃]/(kg·m⁻³)	1260±20	1510±20
配比（体积比）	4:1	
阻燃特性	阻燃（煤安标准：MT113—1995）	
适宜温度/℃	10~40	
反应温度/℃	<90	
发泡倍数	2~30 可调	
反应时间/min	<5	
最大抗压强度/MPa	>0.2	
施工设备与工艺	简单、高效	

水泥及其辅料采用普通 425 水泥加速凝剂。

7.1.4 加固设备选型

瑞米充填/加固 I 号材料采用瑞米公司的专用风动注浆泵和混合枪施工。注浆泵安设在平整的地面上。注浆系统由注浆泵、吸管、高压胶管和注射枪等组成，如图 7-8 所示。注浆系统技术参数如下：

图 7-8　瑞米充填/加固专用泵

1. 注浆泵参数

（1）风压入口：R_d 32×1.8″；

（2）吸管入口：R_d 32×1.8″；

（3）高压风出口：球阀 NW20；

（4）冲洗出口：球阀 NW20；

（5）最大输出压力：P_{max} = 19 MPa；

（6）长×宽×高：约 940 cm×470 cm×490 mm；

（7）重量：120 kg；

（8）气缸直径：300 mm，活塞杆直径：33mm，总排风量：238 cm³。

2. 其他参数

（1）高压风管：长 10 m/根，直径 10 mm；

（2）自锁油封（Packer）BVS-K：直径 36 mm，长 36 cm；

（3）T 型连接阀：直径 10 mm，圆形接口；

（4）注浆导管：长 2.00 m，外径 23 mm，内径 8.5 mm，黑色聚乙烯管；

（5）延长管：长 1.5 m，外径 25 mm，内径 20 mm（上端）/15 mm（下端）；黑色聚乙烯管；

（6）吸管：长 2.00 m，外径 40 mm；

（7）循环管：长 2.00 m，直径 10 mm。

水泥浆液选用 KBY-50/70 液压注浆泵，该泵压力可调、体积小、重量轻、易解体搬用。

7.1.5　施工工艺、步骤及安全措施

施工工艺流程如图 7-9 所示。施工顺序流程如图 7-10 所示。首先进行前探支护。刚开始无法实施前探支护时，直接在上部充填，上部材料充到顶部时，会与顶部岩石黏结在一起，待将下部矸石挖出后，及时用前探支护托住充填体。前探梁（长度不小于 6 m 的工字钢或规格不小于 18 kg/m 的钢轨等材料）上面铺竹笆，竹笆上面铺风筒布（可两层竹笆即可防止漏液），人员不能进入空顶区，用长臂工具安装竹笆（或风筒布）。

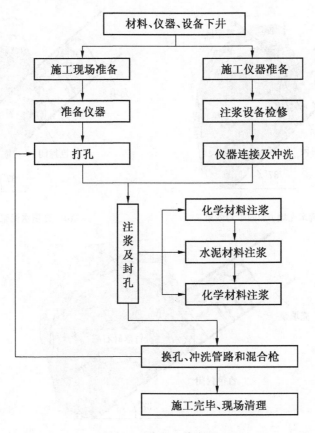

图 7-9　施工工艺流程

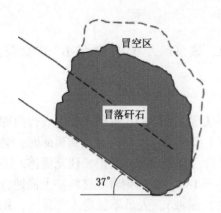

(a) 冒落区施工前状况

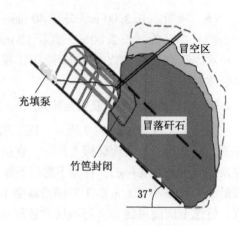

(b) 冒落区前探支护

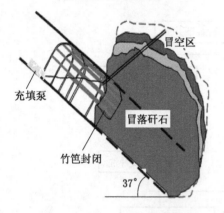

(c) 首次充填瑞米充填/加固Ⅰ号效果

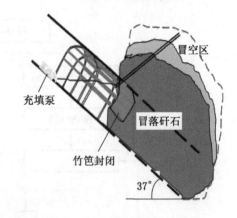

(d) 充填水泥浆液

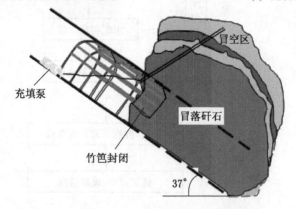

(e) 第二次充填瑞米充填/加固Ⅰ号效果

图 7-10 冒落区施工顺序流程

7.1.6 施工效果分析

采用数值模拟对巷道冒落区域充填加固前后的位移和应力进行模拟。充填加固之前的垂直位移和垂直应力云图如图 7-11 所示。充填加固后垂直位移和垂直应力云图如图 7-12 所示，在冒顶巷道顶部选择一个监测点，其巷道顶部变形曲线图如图 7-13 所示。

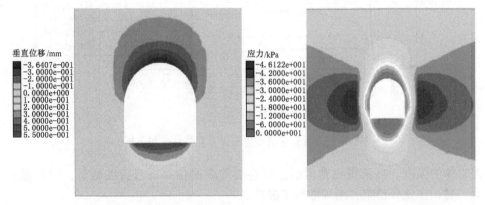

(a) 充填加固前位移云图   (b) 充填加固应力分布云图

图 7-11 冒落区充填加固前垂直位移和垂直应力云图

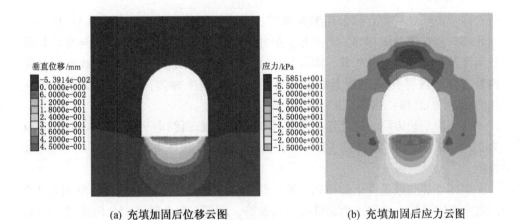

(a) 充填加固后位移云图   (b) 充填加固后应力云图

图 7-12 冒落区充填加固后垂直位移和垂直应力云图

结合图 7-13，比较图 7-11 和图 7-12，可知治理后垂直应力有较大幅度的增大，但处于卸压状态；顶板围岩稳定性有明显改善。治理达到了预期的效果。施工后一周，对注浆充填区进行取芯试验，充填体强度达到了 2 MPa，高于周围

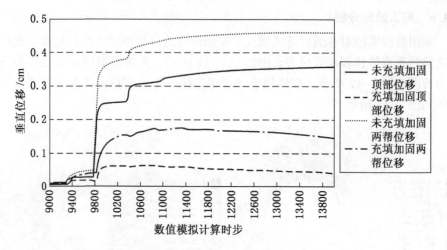

图 7-13　冒落区顶部监测点垂直位移变形曲线

泥岩体的强度。出渣贯通巷道后，对巷道的表面位移进行持续测量，变形量不大，冒顶区比较稳定，治理取得了成功。

7.2　内蒙古麻黄煤矿斜井高冒顶巷道的快速堵水

7.2.1　概况

内蒙古福城矿业有限公司麻黄煤矿位于宁夏回族自治区银川市东南 35 km，其北部与沙章图井田相邻，西部与黑梁井田及横山堡井田相邻，东部与麻黄井田备用区及上海庙开发区相邻，南部与长城井田及芒哈图井田相邻。行政区划隶属内蒙古自治区鄂托克前旗上海庙镇管辖，其地理坐标为：东经：106°33′11″～106°36′50″，北纬：38°16′29″～38°20′30″。

井田为一长方形，南北走向平均长 7.4 km，东西倾向平均宽 5.3 km，面积为 27.7029 km²，开采标高 1050～-250 m。目前，该矿井处于矿建阶段，尚未投产。

矿区外部交通条件十分便利。矿区西侧有 109 国道南北向通过，南侧有 307 国道东西向通过，铁路方面北部有东乌铁路，西部有包兰铁路南北向通过，南部有太中（银）及大古铁路东西向通过。

7.2.2　地质概况

矿区均被第四系黄土及风积砂土所覆盖，仅在矿区西部 8 km 处三道沟背斜出露有奥陶系中统马家沟组石灰岩。矿区古生代地层区划属华北地层大区，晋冀鲁豫地层区鄂尔多斯地层分区的贺兰山—桌子山地层小区，从古生界至新生界均有地层沉积，其中仅缺失奥陶系上统至石炭系下统。石炭—二叠系为海陆交互相含煤岩系和陆相碎屑岩系。中生界属坳陷区。新生界第三系、第四系遍布全区，掩盖了中、古生界地层，区内及其附近未见岩浆活动迹象。

矿区大地构造位于华北地台（Ⅰ）华北地块（Ⅱ）鄂尔多斯西缘坳陷（Ⅲ）。主体构造线呈南北向展布。该区于侏罗纪末期受东西向应力作用，形成一系列走向近南北的褶皱及断裂，并伴生北西向及北东向两组断裂。喜马拉雅期沙葱沟张性断裂（F10）再次活动，矿区随之上升，使燕山期的构造雏形经改造，而成为今日的构造轮廓。

主要构造走向近南北，且受三道沟背斜及丁家梁背斜控制；褶曲不对称，背斜西翼陡，东翼缓，向斜反之；褶曲面向东倾，倾角 70°~85°；褶曲不完整，背斜西翼均逆冲于向斜东翼之上；断层面倾向东；褶曲在走向上有波状起伏。区内主要由沙沟向斜、丁家梁背斜、马莲台向斜、苦草凹背斜等组成轴向近南北向的复式褶皱，并被断层破坏复杂化。

矿区位于苦草凹背斜北段东翼，呈向东倾斜的单斜构造。倾角中段偏大，为 40°~50°；北部较小，为 20°~30°；南部在 30°左右，岩层在走向及倾向上有波状起伏。

矿区有两组三条断层将矿区与相邻矿区分割，一是南部边界的 DF4 正断层，走向北西西向，北北东倾，倾角 75°，断距在 100 m 左右。由钻孔 2101 及 2102 给予控制，此断层为左旋压扭及平推性断层。二是矿区西部的 DF3 断层及矿区东部的 DF6 断层，两断层均为二维地震确定的断层，走向近南北，倾向东，倾角 65°，均为逆断层。DF3 在煤层露头外，DF6 在本矿区的区外深部，均没有工程点给予控制。

7.2.3　水文地质概况

1. 区域水文地质概况

矿区处于鄂尔多斯高原西部边缘地带，地势东南高，西北低，海拔在 1220~1260 m 之间，为平缓起伏半固定-固定沙丘的地貌，地表均被第四系黄土及风积砂掩盖，没有基岩出露。

区内地表水系极不发育，大气降水多直接渗入第四系风积砂层中，或积在砂丘间洼地中，形不成地表径流。仅在长城南侧宁夏境内，矿区以南约 5 km 的边沟有常年流水，由东南流向西北，在横城附近注入黄河。黄河在井田西北部，距井田约 12 km 处。区内地表植被以沙蒿为主，次为甘草、苦豆及其他少量种属，生态环境较为脆弱。

矿区气候属典型的温带大陆性干旱荒漠气候，冬季严寒，夏季酷热，昼夜温差大，风大沙多，降水稀少，蒸发强烈，据鄂托克前旗气象站历年统计资料，年降水量在 222.6 ~ 272.6 mm 之间, 蒸发量是降水量的 10 倍左右, 为 2411 ~ 2722 mm。

黄河距矿区较近, 但黄河水位标高 1100 m, 比矿区低 130 m 左右。黄河水从地表不能补给矿区, 从地下补给也有一定难度。

矿区主要含水层由新至老分别为: 第四系孔隙潜水; 第三系碎屑岩孔隙承压水; 白垩系碎屑岩孔隙承压水; 二叠系—石炭系含煤地层碎屑岩孔隙、裂隙承压水; 奥陶系石灰岩岩溶水。

2. 井田水文地质条件

第四系遍布全矿区, 钻孔揭露厚度 4.50 ~ 15.80 m, 上部为风积砂, 呈固定~半固定沙丘覆盖全区, 丘间洼地很多, 且互不相通, 大气降水后, 一部分渗入地下补给地下水, 另一部分汇集于丘间洼地, 消耗于蒸发而干涸, 风积砂透水不含水。下部亚砂土及底部的砂砾层孔隙潜水富水性差, 又有下部第三系巨厚黏土层的阻隔, 对煤矿开发时的坑道充水影响甚微。

第三系砂砾岩层孔隙承压水赋存于第三系下部砂砾岩层中, 砂砾岩层厚度 8 ~ 40 m, 岩性以不同成分的砾石为主, 砂泥质胶结, 砾径 2 ~ 5 cm, 最大达 15 cm 以上, 滚圆度较差, 呈次棱角状, 分选性差, 结构疏松, 孔隙发育。砂砾岩层在平面上分布于全矿区, 覆盖于含煤岩系之上, 直接与煤系地层的碎屑岩含水层接触, 相互发生着水力联系。该含水层是煤矿开采、坑道充水的主要而直接的含水层, 是坑道充水的主要来源之一。含水层的富水性中等。

二叠系—石炭系含煤地层碎屑岩孔隙裂隙水是开采井巷主要直接充水的含水岩系, 它包括 1 ~ 9 号煤层及其之间的粗、中、细粒砂岩和石灰岩, 共同构成这一含水岩系, 厚度为 50 ~ 80 m。特别是 8 号煤层顶板中、粗粒砂岩, 厚度为 7 ~ 26 m, 平均 16.50 m, 全区发育, 胶结疏松, 节理裂隙发育。

矿区东部、西部被断层 DF6 和 DF3 切割, 均为逆掩断裂, 长达 10 余 km, 裂隙为封闭裂隙, 多被黏土充填, 形成阻水断层。南部边界亦是以 DF4 断层与邻区相隔。由以上三断层使矿区构成一个独立稳定的断块区, 水文地质条件应属闭合型。由此矿区与邻区地下水的联系除第三系砾岩水外, 应视为微弱。

区内大气降水微弱, 少部分补给了第四系潜水, 使潜水位逐年下降, 给当地居民生活、生产用水带来困难。深层地下水由于有第三系隔水层的阻隔不能由大气降水补给, 只由地下高处水渗透补给。地下水的运动由南东向北西, 最后排泄于黄河。

7.2.4 工程区域基本情况

1. 井筒的基本情况

麻黄煤矿共有三条井筒，即主斜井、副斜井、回风立井，项目实施位置在主、副斜井上。

主井井筒倾角为 22°，斜长 1040 m，井筒净宽 3500 mm，净断面积为 10.41 m²。井筒内铺设井下供电电缆和照明信号电缆；承担全矿井的煤炭运输任务，兼作矿井进风井；设置行人台阶；作为矿井的安全出口之一。井筒表土段围岩掘进宽为 4100 mm，高为 3800 mm，支护采用混凝土砌碹支护，支护厚度为 300 mm，长度为 530 m；基岩段掘进宽为 3700 mm，高为 3600 mm，采用锚喷支护，支护厚度为 100 mm，长度为 505 m，如图 7-14 所示。井筒底板铺设 150 mm 厚混凝土，设行人台阶、扶手及水沟。

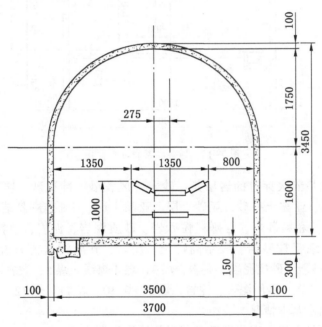

图 7-14　主斜井基岩段剖面图

副井井筒倾角为 25°，长 903 m，井筒净宽 3500 mm，净断面积为 10.41 m²。井筒内铺设 30 kg/m 钢轨，采用绞车牵引矿车提升，承担全矿井的辅助提升任务；井筒内铺设井下排水管路、消防洒水管路和照明信号电缆；设行人台阶；兼作矿井进风井，亦为矿井安全出口之一。井筒表土段掘进宽为 4100 mm，高为 3800 mm，采用混凝土砌碹支护，支护厚度为 300 mm，长度为 510 m；基岩段掘进宽为 3700 mm，高 3600 mm，采用锚喷支护，支护厚度为 100 mm，长度为 412 m（图 7-15）。井筒底板铺设 150 mm 厚混凝土，设行人台阶、扶手及水沟。

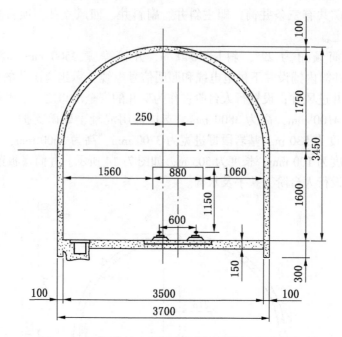

图 7-15 副斜井基岩段剖面图

主、副斜井依次穿过的岩层是：砂岩（风积砂、冲积砂、坡积砂）、黏土层、亚砂土层、亚黏土夹砂、亚砂土层、亚黏土层、半胶结-胶结状砂砾岩层、泥岩、粉砂岩、粗粒砂岩、含砾粗粒砂岩、砂质泥岩、泥岩、细粉砂岩、泥质岩、黏土岩、细粗粒砂岩、胶结高岭土、泥岩、砂质泥岩、细粉砂岩、煤 1、煤 2、中细粒砂岩、砂质泥岩、泥岩、煤 3、煤 4 煤线、煤 5、泥岩、砂质岩、石灰岩、中细粒砂岩、砂质泥岩、泥岩、煤 9、煤 10、煤 11、煤 12。

2. 井筒出水基本情况

2009 年 2 月中旬，麻黄煤矿主、副井筒正常涌水量已达 360 m³/h，尤其主斜井迎头出水（附近 6 个出水点），已使主斜井停掘，现主要问题有：

（1）井筒涌水量大，影响施工进度，影响矿井投产。

（2）井筒围岩较软，遇水后稳定性差，支护困难。

（3）矿井投产后，排水费用是一个重要负担。

由于相邻煤矿无成熟的防治水经验和成套技术，因此需要进行堵水研究，力图解决水害。

本项目涉及重大安全问题，具有技术难度大、时间紧迫、工程量大的特点，对麻黄煤矿和其他类似条件矿井有十分重要的意义。

主、副斜井井筒出水面积占其总面积的一半之多，其中主井出水区域为

−70~−650 m，斜长 580 m 范围内，副斜井出水区域为−680~−710 m，斜长 30 m 范围内。且主、副井筒均穿越不同岩层，岩性、含水层多变，工程地质条件复杂；注浆材料、设备、工艺不同；施工难度大，工作量大。

根据水量及水压大小，可将出水区域分为三类：

（1）淋水区。水量为 0~3 L/（h·m），无水压（图 7-16），属于裂隙水。主斜井−70~−320 m 属于水量及水压较小的淋水区域，其水源主要为裂隙渗水，主要岩层为黏土层、亚砂土层、亚黏土夹砂、亚砂土层亚黏土层、半胶结-胶结状砂砾岩层，主要含水层为第四系孔隙水。

图 7-16　典型淋水区

图 7-17　典型冒水区

（2）冒水区。水量为 3~5 L/(h·m)，水压为 0~0.5 MPa，图 7-17 所示为典型冒水区，水量较小，有较大压力，属于承压水。主斜井−320~−520 m 属于水量一般、水压较大的涌水区，其主要岩层为黏土岩、细粗粒砂岩、胶结高岭土、泥岩、砂质泥岩、细粉砂岩、煤 1、煤 2、中细粒砂岩、砂质泥岩，主要含水层为二叠系—石炭系含煤地层碎屑岩孔隙裂隙水。

（3）涌水区。水量大于 5 L/(h·m)，水压大于 0.5 MPa（图 7-18），属于孔隙承压水。主斜井−520~−650 m 和副斜井−750~−890 m，其主要穿越岩层为粗粒砂岩、含砾粗粒砂岩、砂质泥岩、泥岩、细粉砂岩、泥质岩、黏土岩、细粗粒砂岩、胶结高岭土、泥岩，主要含水层为第三系砂砾岩层孔隙承压水。

图 7-18　典型涌水区

根据淋水区、冒水区及涌水区的施工工程要求不同，现将其汇总，见表 7-3。

表 7-3　巷道加固和堵水区域情况汇总

名称	工程要求	范围/m	水温/℃	水质	水量	基本情况
淋水区	堵水	250	20~27	$SO_4 \cdot Cl-Na$ 型水，矿化度为 1.3~0.7 g/L	0.00633~7.580 L/s；0.0238 ~ 5.493 L/(s·m)	水量较小，孔隙水，主斜井左帮角部出水，副斜井右帮角部出水
冒水区	堵水	200	22~27	$Cl \cdot SO_4-Na$ 型水和 $SO_4 \cdot Cl-Na$ 型水，矿化度为 2.49~3.32 g/L	6.143 ~ 10.45 L/s；0.225 ~ 0.335 L/(s·m)	水量较大，局部水压较大，孔隙裂隙水，结构疏松，孔隙、裂隙发育

表 7-3（续）

名称	工程要求	范围/m	水温/℃	水质	水量	基本情况
涌水区	加固堵水	130	24~29	$HCO_3 \cdot Cl \cdot SO_4$—Na 和 $HCO_3 \cdot Cl$—Na $\cdot$ Mg $\cdot$ Ca 型水，矿化度为 0.346~0.506 g/L	6.009 ~ 10.267 L/s；0.198 ~ 0.271 L/(s $\cdot$ m)	水量较大，孔隙承压水

7.2.5 淋水区域快速堵水方案

淋水区域水源主要为裂隙渗水，水量、水压相对较小，对井筒的破坏最小，但施工范围大，长期流动也会给井筒带来安全隐患。主井-70~-320 m 均为需要堵水的淋水区域。

1. 淋水区域岩体质量分级

应用裂隙岩体化学加固和堵水材料优选方法，对淋水区域围岩进行岩体质量分析，图 7-19~图 7-21 分别对淋水区域的基本参数和具体参数进行了设置。

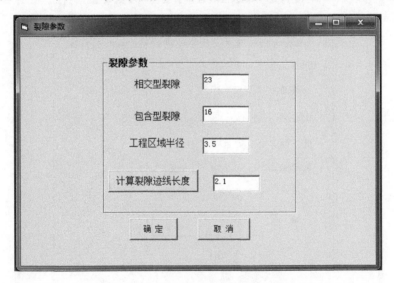

图 7-19 淋水区域岩体裂隙参数设置

经分析可知：淋水区域当量裂隙度为 0.11，岩体质量评分值为 22，所以岩体质量一般，工程量大，需要堵水材料量多。

2. 材料选型

输入完成岩体质量基本参数和具体参数后，裂隙岩体化学加固和堵水材

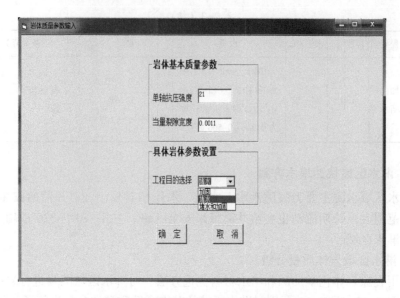

图 7-20　淋水区域岩体质量基本参数设置

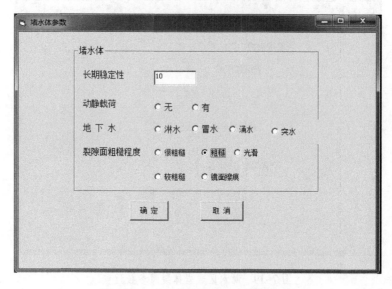

图 7-21　淋水区域具体岩体参数设置

料优选方法会调用数据库给出符合工程要求的材料。选型结果如图 7-22 所示，符合工程要求的材料有三种：①瑞米加固/堵水 I 号；②脲醛树脂；③水泥及其辅料。

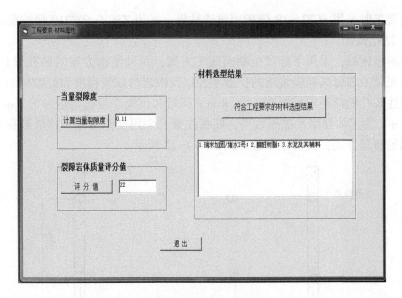

图 7-22　材料选型结果

由于淋水段含水层为中粒砂岩，裂隙和孔隙较发育，涌水量为 60 m³/h，进行技术经济分析，见表 7-4，最后综合考虑该煤矿经济效益、加固材料市场价格、生产计划等因素决定选用单液水泥浆液，单液水泥浆液不能满足堵水要求时采用脲醛树脂浆液。

表 7-4　堵水材料技术经济分析

材料	使用量/t	价格/(元·t⁻¹)	使用年限/年	10年内效益/亿元
425 水泥	30	300	2	6.5
瑞米加固/堵水 I 号	20	40000	10	7.2
脲醛树脂	25	5000	3	7

脲醛树脂为尿素与甲醛反应得到的聚合物。加工成型时发生交联，制品为不溶不熔的热固性树脂。固化后的脲醛树脂颜色比酚醛树脂浅，呈半透明状，耐弱酸、弱碱，绝缘性能好，耐磨性极佳，价格便宜，但遇强酸、强碱易分解，耐候性较差。

工程上常采用脲醛树脂和甲酸混合液注浆，甲酸起加速脲醛树脂胶结速度的作用。

3. 注浆设备选型

风压满足要求时采用 MKQJ120/40-HT 型煤矿井下用架柱式潜孔钻机，风压不满足要求时采用 SGZL-3B 煤矿用坑道钻机。采用 ZTGZ-60/210 型注浆泵。

4. 钻孔设计

在淋水区域，采用下行式全断面施工方案，两种堵水方案的钻孔设计相同。根据水泥浆液和脲醛树脂浆液的扩散半径以及围岩的破裂程度和裂隙场分布，确定底板注浆孔的间距应控制在 1~1.8 m，两帮和顶板注浆孔间距为 1.2 m，排距均为 2 m。为了加强堵水加固效果，底板注浆孔采用交差布置，相邻断面采取布置不同的布置方式，其具体布置方式如图 7-23 所示。

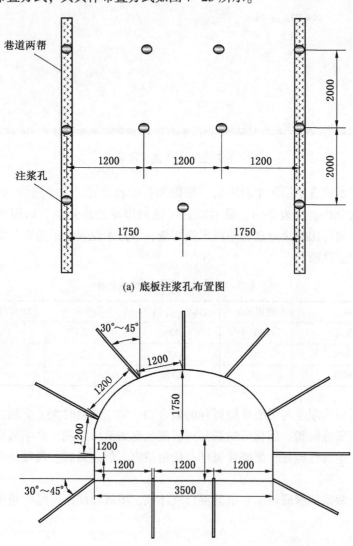

(a) 底板注浆孔布置图

(b) 注浆孔布置断面图 (一)

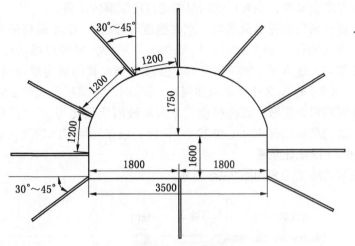

(c) 注浆孔布置断面图(二)

图 7-23　注浆孔布置图

5. 堵水工艺与施工

本方案采取下行式全断面注浆，采用水泥和脲醛树脂复合式注浆工艺。其施工工艺流程如图 7-24 所示。

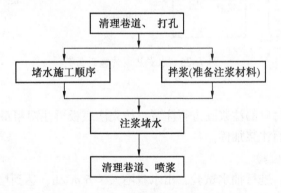

图 7-24　注浆施工工艺流程

1）封孔、拌浆

在注浆孔钻孔完成后，需要马上进行加强筋或者注浆锚杆的安装，然后马上封口，准备注浆，以防止塌孔或者其他异物堵塞注浆孔，影响注浆效果。本方案中顶板和两帮的锚注采用普通的注浆锚杆则不需要特殊的封口工艺和设备。

2）拌浆

为了提高作业效率，在封口的同时即进行注浆液的准备。

当注浆材料采用水泥单液浆时，水泥强度等级应为 42.5 的高强水泥，或者超细水泥。水灰比有 0.75:1、1:1、1.25:1 三种，根据现场实际情况调整。部分区段注浆时，掺入了 UNF4 型复合早强减水剂，其用量为水泥重量的 2%~3%（或者加入 8% 的 ACZ-I 注浆添加剂）。注浆时，注浆压力大于 2 MPa。

当灌注脲醛树脂浆液，脲醛树脂与草酸溶液的质量比为 3:1，草酸溶液配制时水和草酸的质量比有 30:1 和 20:1 两种，根据现场实际情况，淋水严重的地段采用 20:1 的配比浆液。

水泥注浆的施工工艺如图 7-25 所示。

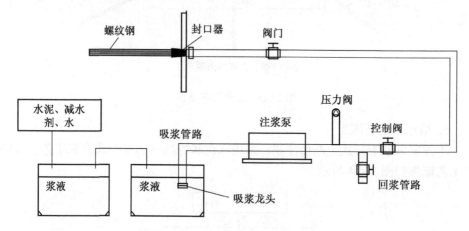

图 7-25　水泥注浆的施工工艺

3）注浆

对已经完成封口的注浆孔进行注浆，按先注底板再注两帮最后注顶板的顺序进行下行式全断面注浆加固。

6. 堵水效果检验

注浆完成后，进行抽水试验，出水量不大于 6 m³/h，达到堵水目的。取芯试验表明，围岩强度得到了一定程度的提高。淋水区域堵水取得了成功。

7.2.6　冒水区域快速堵水方案

主井 -320~-520 m 范围内为水量一般、水压较大的冒水区域。该区域水源主要为裂隙承压水，该类型出水如不能得到控制，随着时间的推移，会对巷道产生较大危害。

1. 冒水区域岩体质量分级

应用裂隙岩体化学加固和堵水材料优选方法，对冒水区域岩体进行岩体质量评价分级，参数设置如图7-26~图7-28所示。

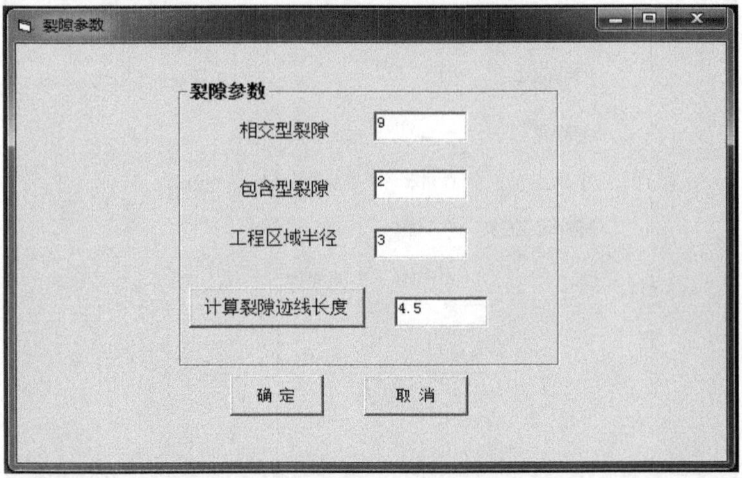

图7-26 冒水区岩体裂隙参数设置

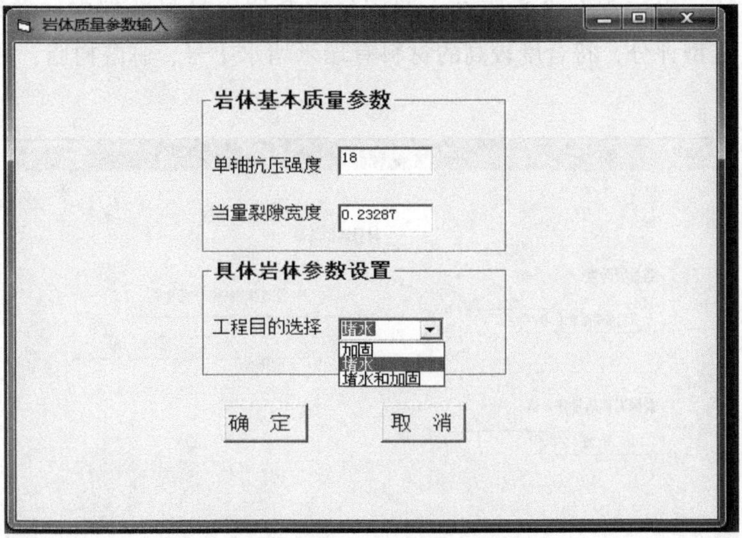

图7-27 冒水区岩体质量参数设置

经分析可知：岩体本身强度一般；当量裂隙度为0.135，为破碎岩体；岩体质量评分值为33，为工程属性较差的岩体。

2. 材料选型

基于"工程要求—材料属性"评价方法，采用裂隙岩体化学加固和堵水材

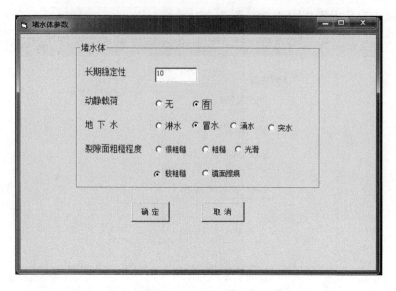

图 7-28   冒水区岩体参数设置

料优选方法,以工程要求为驱动,调用加固和堵水材料数据库,进行材料优选。经过选型评分,符合度较高的材料有瑞米堵水Ⅰ号、脲醛树脂,如图7-29所示。

图 7-29   材料选型结果

进行技术经济分析,见表7-5。由此可知,选用瑞米加固Ⅰ号是最优选择,但由于前期投入较大,目前企业经济条件所限,最终选择了脲醛树脂材料。选用的脲醛树脂是由济宁市任城区任南化工厂生产的 DHN-3 脲醛树脂，其技术指标见表 7-6。

表 7-5　堵水材料技术经济分析

材料	使用量/t	价格/(元·t^{-1})	使用年限/年	10 年内效益/亿元
瑞米堵水 I 号	18	35000	5	2.5
脲醛树脂	20	5000	3	2.3

表 7-6　脲醛树脂技术参数

指标名称	指标单位	指标	备注
外观		白色	黏稠液体
固含量	%	57.5	
黏度	mPa·s	260	
酸碱度	pH 值	8	
游离醛	%	0.4	
剪切强度	MPa	2.6	
最大抗压强度	MPa	11	
黏结强度	MPa	1.3	
保存时间	d	60	遮光密闭保存

3. 注浆设备选型

选用 KBY-50/70 液压注浆泵，该泵具有结构紧凑、性能稳定、压力可调、体积小、重量轻、易解体搬用等特点，分别具有高、中、低三个不同的压力、流量等级，适用于矿井井壁注浆。

4. 钻孔设计

采用淋水区钻孔设计方案，但由于冒水区为承压水，水流速度较快，所以注浆时压力相对较大。该井筒底板喷射混凝土较薄，为防止底鼓，对底板钻孔采用预装加强筋的办法，具体钻孔设计如图 7-30 所示。

5. 施工工艺

施工工艺流程如图 7-31 所示。

注浆过程中应时刻注意注浆压力情况，防止底鼓。

6. 注浆效果检验

根据注浆记录，在注浆最薄弱的部位确定检查孔。对检查孔进行钻孔检查，

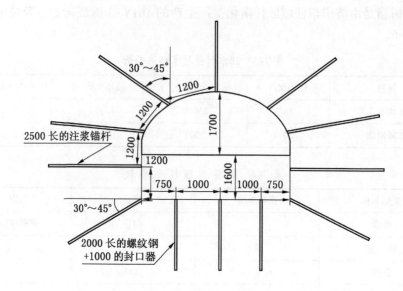

(a) 注浆孔布置断面图(一)

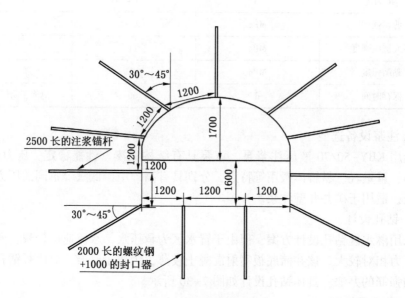

(b) 注浆孔布置断面图(二)

图 7-30　注浆孔布置图

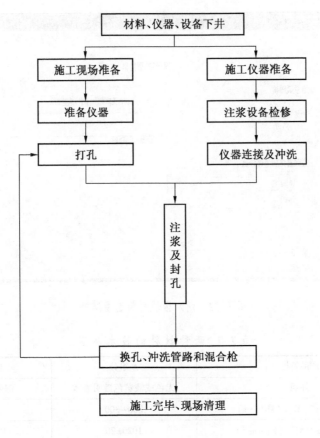

图 7-31　施工工艺流程

无涌水、涌砂。抽水试验，出水量小于 6 m³/h。注浆达到了预期效果。

7.2.7　涌水区域快速堵水方案

1. 堵水材料选型

根据裂隙岩体化学加固和堵水优选系统，选型结果如图 7-32 所示。优选出的符合工程要求的材料为瑞米堵水/加固 I 号。

瑞米堵水/加固 I 号由北京瑞琪米诺桦合成材料有限公司生产，该注浆材料是一种双组分材料。两种组分材料混合注入破碎岩体后能迅速反应并发泡，生成一种具有弹性、能随岩层一起变形的树脂，快速封堵带压的大流量岩体涌水，最高抗压强度可达 70 MPa，从而能够保证良好的封堵和加固效果。其反应数据见表 7-7。

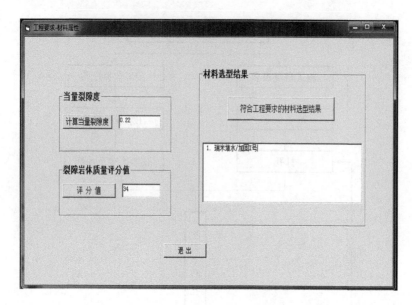

图 7-32 涌水区域材料选型结果

表 7-7 两种材料的技术参数

产品特性	A 组分	B 组分
外观	无色或淡黄色透明液体	深褐色液体
黏度[(23±2)℃]/(MPa·s)	200~300	<200
比重[(23±2)℃]/(kg·m^{-3})	1020±20	1230±20
保质期(常温下)/月	6	6
使用配比(体积比)	1:1	
开始反应时间[(23±2)℃]/s	40±10	
终止反应时间[(23±2)℃]/s	70±10	
反应特性	产品遇水发泡到 2 倍左右	
抗压强度/MPa	>50	
压缩变形/%	>30	
黏结强度/MPa	>4	
阻燃、抗静电性能	满足煤矿井下用聚合物制品 MT 113—1995 技术标准	

2. 注浆设备选型

注浆设备采用瑞米堵水/加固 I 号专用注浆泵,如图 7-33 所示。注浆系统由注浆泵、吸管、高压胶管、封堵器和注射枪等组成。

图7-33　瑞米堵水/加固Ⅰ号专用注浆泵

3. 钻孔设计和施工工艺

瑞米加固/堵水Ⅰ号材料渗透性好,其钻孔设计和施工工艺与冒水区的快速堵水方案中的钻孔设计和施工工艺相同。此处不再赘述。

4. 效果检验

由于瑞米堵水/加固Ⅰ号材料胶结速度极快,注浆完成之后注浆区域涌水立即得到有效控制。注浆完成后7 d进行抽水试验,出水量小于6 m³/h,钻孔取芯进行最大单轴抗压强度试验,其平均强度为35 MPa,大于原岩强度的80%,涌水区域堵水达到了设计要求。

参 考 文 献

[1] 古德振. 岩土工程地质学基础 [M]. 北京：科学出版社，1979.

[2] 葛家良. 化学灌浆技术的发展与展望 [J]. 岩石力学与工程学报，2006，S2：3384-3392.

[3] 吕天启，刘光廷. 砂砾软岩室内化学灌浆试验系统的研制及应用 [J]. 清华大学学报（自然科学版），2005，9：1175-1180.

[4] 蒋硕忠. 我国化学灌浆技术发展与展望 [J]. 长江科学院院报，2003，20（5）：25-28.

[5] 赵炜，朱红. 复配型环氧树脂地层灌浆材料的研制 [J]. 中国矿业大学学报，2003，7：433-437.

[6] 周创兵. 岩体表征单元体与岩体力学参数 [J]. 岩石力学与工程学报，2007，8：1135-1143.

[7] 胡秀宏，伍法权. 岩体结构面间距的双参数负指数分布研究 [J]. 岩土力学，2009，8：2353-2359.

[8] 孙广忠. 论"岩体结构控制论" [J]. 工程地质学报，1993，9：14-19.

[9] 孙广忠. 论地质工程的基础理论 [J]. 工程地质学报，1996，4：1-6.

[10] 孙广忠. 岩体结构力学 [J]. 地球科学进展，1992，1：87-90.

[11] 何满潮，景海河，孙晓明. 软岩工程力学 [M]. 北京：科学出版社，2002.

[12] 何满潮. 露天矿高边坡工程 [M]. 北京：煤炭工业出版社，1991.

[13] 孙玉科. 边坡岩体稳定性分析 [M]. 北京：科学出版社，1988.

[14] 高磊. 矿山岩石力学 [M]. 北京：机械工业出版社，1987.

[15] 周维垣. 高等岩石力学 [M]. 北京：水利电力出版社，1990.

[16] 刘佑荣，唐明辉. 岩体力学 [M]. 北京：中国地质大学出版社，1999.

[17] 仵彦卿. 地下水与地质灾害 [J]. 地下空间，1999，19（4）：303-316.

[18] Barton N, Choubey V. The shear strength of rock joint in theory and practice [J]. Rock Mech, 1977, 10 (2)：1-54.

[19] 宋建波，张倬元，刘汉超. 应用 RMI 指标进行工程岩体分类的方法 [J]. 矿业研究与开发，2002，2：20-23.

[20] 宋建波. RMI 指标确定岩体经验参数 m，s 的方法 [J]. 绵阳经济技术高等专科学校学报，2001，12：38-41.

[21] 宋建波，张倬元，于远忠，等. 岩体经验强度准则及其在地质工程中的应用 [M]. 北京：地质出版社，2002.

[22] PALMSTROM A. Characterizing rock masses by the RMI for use in practical rock engineering, part 1：the development of the rock mass index（RMI） [J]. Tunneling and Underground Space Technology, 1996, 11 (2)：175-188.

[23] 赵明阶. 裂隙岩体在受荷条件下的声学特性研究 [D]. 重庆：重庆交通学院，1999.

[24] 周喜德. 岩体中弹性波速度及其应用研究 [J]. 贵州水利发电，1999，6：10-14.

［25］ 白明洲，王家鼎．地下洞室中裂隙岩体围岩稳定性研究的模糊信息优化处理方法［J］．成都理工学院学报，1999，7：291-295.

［26］ 赵明阶，吴德伦．工程岩体的超声波分类及强度预测［J］．岩石力学与工程学报，2000，1：89-93.

［27］ 王翠香．模糊数学在个旧东区锡矿资源预测中的应用［D］．北京：中国地质大学，2009.

［28］ 鲁光银．公路隧道岩体质量分级的模糊层次分析法［J］．中南大学学报（自然科学版），2008，4：368-375.

［29］ 周传波．岩体可崩性分类方法的模糊综合评判［J］．矿冶工程，2003，12：17-20.

［30］ 周玉新．岩体结构面产状的综合模糊聚类分析［J］．岩石力学与工程学报，2005，7：2283-2288.

［31］ 蔡文．物元模型及其应用［M］．北京：科学技术出版社，1994.

［32］ 王锦国，周志芳．溪洛渡水电站坝基岩体工程质量的可拓评价［J］．勘察科学技术，2001，6：20-25.

［33］ 康志强，周辉，冯夏庭，等．大型岩质边坡岩体质量的可拓学理论评价［J］．东北大学学报（自然科学版），2007，12：100-104.

［34］ 贾超，肖树芳，刘宁．可拓学理论在洞室岩体质量评价中的应用［J］．岩石力学与工程学报，2003，22（5）：751-756.

［35］ 张斌，雍歧东，肖芳醇．模糊物元分析［M］．北京：石油工业出版社，1997.

［36］ 原国红，陈剑平．拓评判方法在岩体质量分类中的应用［J］．岩石力学与工程学报，2005，24（9）：1539-1544.

［37］ 冯夏庭，张奇志，林韵梅．矿岩设计参数神经网络预报［C］//中国岩石力学与工程第三次大会论文集．北京：中国科学技术出版社，1994.

［38］ 赵斌，吴中如，张爱玲．BP模型在大坝安全监测预报中的应用［J］．大坝观测与土工测试，1999，23（6）：1-4.

［39］ 岳建平．灰色动态神经网络模型及其应用［J］．水利学报，2003（7）：120-123.

［40］ 谢和平．分形几何的数学基础与应用［M］．重庆：重庆大学出版社，1981.

［41］ 陈兴周，李建林，刘杰，等．关于分形理论及其在岩石断裂中的应用［J］．西北水电，2005（2）：63-64.

［42］ 杨红禹，许宏发．岩土工程中的分形理论及研究进展［J］．地质与勘探，2003，39：98-99.

［43］ 邓聚龙．灰色系统理论教程［M］．武汉：华中理工大学出版社，1990.

［44］ 唐志新．基于指标预处理的高原地下矿工作环境灰色聚类评价［J］．北京科技大学学报，2010，3：282-287.

［45］ 杨小永．公路隧道围岩模糊信息分类的专家系统［J］．岩石力学与工程学报，2006，1：100-106.

［46］ 刘承柞，陈亚光．地质专家系统［M］．北京：海洋出版社，1991.

[47] 沈春林．聚合物水泥防水砂浆［M］．北京：化学工业出版社，2007.

[48] 胡曙光．先进水泥基复合材料［M］．北京：科学出版社，2009.

[49] 申爱琴．水泥与水泥混凝土［M］．北京：人民交通出版社，2004.

[50] 苏达根．水泥与混凝土工艺［M］．北京：化学工业出版社，2005.

[51] 隋同波，文寨军，王晶．水泥品种与性能［M］．北京：化学工业出版社，2006.

[52] 郭金敏，李永生．注浆材料及其应用［M］．北京：中国矿业大学出版社，2008.

[53] 魏涛，李珍．化灌法［M］．北京：水利水电出版社，2006.

[54] 熊厚金，林天健，李宁．岩土工程化学［M］．北京：科学出版社，2001.

[55] 魏涛，汪在芹，蒋硕忠．CW 系化学灌浆材料的研制［J］．长江科学院院报，2000，6：29-33.

[56] 李新国．甲基丙烯酸甲酯混凝土化学灌浆修补材料的特点与应用［J］．中国高新技术企业，2009，11：23-24.

[57] 蒋硕忠．建筑防水材料的重要成员——化学灌材料［J］．中国建筑防水，2005，6：7-10.

[58] 赵晖，何凤．水溶性聚氨醋化学灌浆材料的研制［J］．化工新型材料，2005，8：61-64.

[59] 孙永明．水玻璃化学灌浆材料的发展现状与展望［J］．吉林水利，2005，9：13-16.

[60] 姜福兴，莫自宁．煤矿新型化学材料密闭墙快速构筑技术［J］．煤炭科学技术，2006，6：7-10.

[61] 滕博，姜福兴，莫自宁，等．煤矿防爆密闭墙技术标准探讨［J］．煤炭科学技术，2007，2：97-101.

[62] 魏涛．化灌法［M］．北京：中国水利水电出版社，2006.

[63] 蔡美峰，何满潮，刘东燕．岩石力学与工程［M］．北京：科学出版社，2002.

[64] 王文星．岩体力学［M］．长沙：中南大学出版社，2004.

[65] 李先炜．岩体力学性质［M］．北京：煤炭工业出版社，1990.

[66] 姚爱军．复杂边坡稳定性评价方法与工程实践［M］．北京：科学出版社，2008.

[67] 伍法权．统计岩体力学原理［M］．武汉：中国地质大学出版社，1993.

[68] Zhang L, Einstein H H. Estimating the mean trace length of rock discontinuities［J］. Rock Mechanics and Rock Engineering, 1998, 31 (4)：217-235.

[69] 陈孝湘，夏才初．圆形窗口法估算岩体节理迹长及迹线密度［J］．桥涵工程，2009，2：67-71.

[70] 王贵宾，杨春和，包宏涛，等．岩体节理平均迹长估计［J］．岩石力学与工程学报，2006，25 (12)：2589-2592.

[71] 袁绍国，王震．节理测量中迹长误差的计算机模拟分析［J］．金属矿山，1999，2：5-10.

[72] 袁绍国，王震．岩体节理迹长与节理真实长度的概率关系［J］．包头钢铁学院学报，1999，3：5-9.

[73] 陈剑平, 石丙飞, 王树林, 等. 单测线法估算随机节理迹长的数值技术 [J]. 岩石力学与工程学报, 2004, 23 (10): 1755-1759.

[74] 杨春和, 包宏涛, 王贵宾, 等. 岩体节理平均迹长和迹线中点面密度估计 [J]. 岩石力学与工程学报, 25 (12): 2475-2481.

[75] 沈洪俊, 张奇, 夏颂佑. 裂隙水流规律试验研究进展 [J]. 河海科技进展, 1994 (3): 34-39.

[76] 王媛, 速宝玉. 单裂隙渗流特性及等效水力隙宽 [J]. 水科学进展, 2002 (1): 61-68.

[77] 张电吉, 白世伟, 杨春和. 裂隙岩体渗透性分析研究 [J]. 勘察科学技术, 2003 (1): 24-27.

[78] 许光祥, 哈秋船, 张永兴. 岩体裂隙渗流的频率水力隙宽 [J]. 重庆建筑大学学报, 2001, 23 (5): 50-53.

[79] 许光祥. 岩石粗糙裂隙宽配曲线和糙配曲线 [J]. 岩石力学与工程学报, 1999, 18 (6): 641-644.

[80] 许光祥, 张永兴, 哈秋船. 粗糙裂隙渗流的超立方和次立方定律及其试验研究 [J]. 水利学报, 2003 (3): 74-79.

[81] 卢江, 梁晖. 高分子化学 [M]. 北京: 化学工业出版社, 2010.

[82] 黄军左, 葛建芳. 高分子化学改性 [M]. 北京: 中国石化出版社, 2009.

[83] 阎高翔. 隧道围岩类别划分的定量化 [J]. 西部矿探工程, 2001, 71 (4): 69-71.

[84] 沈中其, 关宝树. 施工阶段围岩类别的定量评定方法 [J]. 上海铁道大学学报, 1998, 19 (12): 12-17.

[85] 巫世晶, 公志波, 刘清龙. 数量化理论在 TBM 施工围岩分类中的应用 [J]. 水利发电, 2005, 31 (3): 28-30.

[86] 何平. 多元统计与数理统计 [M]. 成都: 西南交通大学出版社, 2002.

[87] 杨志法, 尚彦军, 张路清, 等. 川藏公路地质灾害及其防治对策研究 [M]. 北京: 科学技术出版社, 2006.

[88] 刘伟建, 姜福兴. 岩体化学加固材料优选决策支持系统研究 [J]. 金属矿山, 2008, 12: 46-50.

[89] 王燕. 面向对象的理论与 Basic 实践 [M]. 北京: 清华大学出版社, 1997.

[90] 刘炳文. Visual Basic 程序设计例题汇编 [M]. 北京: 清华大学出版社, 2006.

[91] 周文峰, 万丽. Visual Basic 程序开发 [M]. 北京: 电子工业出版社, 2008.

[92] 张千帆. 数据库技术及应用 [M]. 北京: 科学出版社, 2010.

[93] 陈漫红. 数据库系统原理与应用技术 [M]. 北京: 机械工业出版社, 2010.

[94] 马立强, 张东升, 缪协兴, 等. FLAC3D 模拟采动岩体渗流规律 [J]. 湖南科技大学学报 (自然科学版), 2006, 9: 1-5.

[95] 蓝航, 姚建国, 张华兴, 等. 基于 FLAC3D 的节理岩体采动损伤本构模型的开发及应用 [J]. 岩石力学与工程学报, 2008, 3: 572-580.

[96] 李慎刚, 赵文. 隧道开挖中注浆效果的 FLA^{3D} 研究 [J]. 东北大学学报（自然科学版）, 2010, 3: 440-444.

[97] 何忠明, 彭振斌. 双层空区开挖顶板稳定性的 FLAC^{3D} 数值分析 [J]. 中南大学学报（自然科学版）, 2009, 8: 1066-1072.

[98] 魏学勇, 武强, 赵树贤. FLAC^{3D} 在矿井防治水中的应用 [J]. 煤炭学报, 2004, 12: 704-708.